全图解

制作

盆景

树木

黄

翔

编著

海峡出版发行集团 THE STRAITS PUBLISHING & DISTRIBUTING GROUP | 福建科学技术出版社 FUJIAN SCIENCE & TECHNOLOGY PUBLISHING HOUSE

图书在版编目（CIP）数据

树木盆景制作全图解 / 黄翔编著. -- 福州：福建
科学技术出版社, 2024.9
ISBN 978-7-5335-7299-0

Ⅰ.①树… Ⅱ.①黄… Ⅲ.①盆景－观赏园艺－图解
Ⅳ.①S688.1-64

中国国家版本馆CIP数据核字(2024)第106237号

出 版 人　郭　武
责任编辑　谢娟梅
装帧设计　刘　丽
责任校对　林锦春

树木盆景制作全图解

编　　著　黄　翔
出版发行　福建科学技术出版社
社　　址　福州市东水路76号（邮编350001）
网　　址　www.fjstp.com
经　　销　福建新华发行（集团）有限责任公司
印　　刷　福州德安彩色印刷有限公司
开　　本　700毫米×1000毫米　1/16
印　　张　14
字　　数　166千字
版　　次　2024年9月第1版
印　　次　2024年9月第1次印刷
书　　号　ISBN 978-7-5335-7299-0
定　　价　65.00元

前言
PREFACE

    在博大精深的艺术长河中，盆景以其独特的存活方式和雅俗共赏的审美意象而受到人们的喜爱，从文人雅士的清供步入寻常百姓家。

    盆景源于自然，高于自然，愉悦身心，美化环境，是通过观察、构思、创作和欣赏的过程来领略并体验自然美的一种艺术活动，是技艺加工与艺术法则的交集，是天工造化与匠心独运的契合，是诗情画意与审美取向的交融。

    盆景制作源于构思，成于制作。根据树种特性、桩材特征，可顺势而为，也可逆势而动，不受定式制约，贵在灵巧、美在自然。鉴此，本书不涉盆景流派、历史渊源及理论研讨等诸问题。删繁就简，侧重实践，采取图解和实例对照方式，让爱好者一目了然，心领神会，易于操作。

    本书除了常规陈述外，侧重介绍造型构思、制作分解、技艺技巧、养护管理等，融实用性与欣赏性为一体，以期对盆景爱好者的

审美情趣、造型意识、经营布局、鉴赏能力等有所裨益，便是本人真心意愿和本书意义所在。如是，限于水平，难免挂一漏万，不当之处，诚请老师同仁批评指正。

　　本书第一版定稿于 2002 年，至今二十载有余，多次再版，深得盆景爱好者喜爱，今借再版之机，感谢同仁、感谢福建科学技术出版社、感谢本书编辑，同时也祈盼树木盆景爱好者能一如既往地喜爱本书。

黄翔

2024 年 3 月

目 录
CONTENTS

第二章

造型构思与制作技艺 /15

树木盆景
制作全图解

第三章
主要形式造型实例 /67

树木盆景
制作全图解

第四章

原生桩材的腹稿打样 /136

树木盆景制作全图解

第五章

养护管理与配置陈设 /183

第六章

盆景鉴赏与作品赏析 /198

树木盆景
制作全图解

第一章

工具与材料
的准备

一、 工具与用品

"工欲善其事，必先利其器。"盆景制作与养护少不了必要的工具及用品。

1. 必备工具

（1）小花铲　用于铲土、配土、起苗、移植以及清理卫生等。

（2）鸡尾锯　状似鸡尾，以中、小型为佳，使用方便，用于截除粗壮的枝干及根。

（3）剪刀　有弹簧剪和长条剪两种类型。弹簧剪主要用于剪枝、剪根（枝和根的剪刀最好分开使用，因为植物的根系均带有泥沙，易使枝剪磨损）。长条剪用于修剪细枝叶片及其赘芽，要求刚度高、坚硬、锋利。

（4）凿子　有宽、窄和平口、半圆口之分，用于修整盆树创口、雕凿树穴及其纹理等。

（5）锤子　有小铁锤和木槌两种类型。小铁锤主要用于敲击凿子，木槌主要用于敲击树皮等。

（6）钳子（电工钳）　用于剪断金属丝，以便蟠扎、牵拉等。

（7）喷壶　用于植株浇水。

（8）喷雾器　用于日常管理养护，如给新桩和盆树叶面喷水，还有喷洒药水等。

（9）水桶　用于盛水。

（10）勺子　用于浇水、施肥，可以根据需要，自制安装一定长度的木柄，以便使用。

（11）磨石　用于磨砺凿子、刀、剪等工具。

树木盆景制作全图解

2. ｜辅助用品

（1）金属丝　铜、铝、铁线，用于盆树造型及枝托的蟠扎、拉吊和牵引等。

（2）白乳胶　用于枝、干剪截口及树皮破损处的涂封，防止创口水分蒸发、干裂及细菌入侵。

（3）油画笔　用于蘸白乳胶涂封创口。毛笔也可，但油画笔毛质硬，且耐洗耐用。

（4）凡士林　系油性药物，用于涂封粗根截口，以防浸水而烂根。

（5）黑塑料膜　用于枝、干大面积截口密封和新坯下土的适时遮蔽，可吸光造热，加速创伤组织愈合及新坯促芽。

（6）黑塑料胶带　用于盆树嫁接时绑扎。

（7）遮阳网　根据需要，多用于树坯成活阶段的保护和耐阴树种的遮蔽。

【榕荫斜阳】

榕树　72 厘米 ×98 厘米
作者：沈勇仁

（8）竹签　用于日常盆树的松土和植坯，以及上盆、换盆时插实根土等。

（9）镊子　用于拔除盆中细草，摘除枯叶及捕捉害虫等。

（10）毛刷　用于清洁盆树，刷拭枝、干及根盘上的杂物。

（11）毛箱子　用于存放日常工具用品。

（12）杂具　清理卫生用具、抹布等。

二、材料的准备

盆景材料的来源主要有3条途径：采掘、繁殖和购买。

1. 采掘

到山野郊外去采掘盆景材料，要注意掌握好采掘的时间、地点、树种要求、采掘方法和运输技巧。

（1）采掘时间　我国地域广阔，南北气候温差很大，材料特性也有所区别，其采掘时间不能硬性规定，一般在每年2月初或树木即将萌芽前采掘最佳。

（2）挖掘地点　茂林沃土，难觅好桩，择取山野古道、荒山瘠地、悬崖峭壁、风口残垣、涧边峰顶等环境险恶地带，往往能寻到上好桩材。

（3）树种要求　传统树种当然可以，如有尚未开发、发现的新树种也未尝不可，总体要求所选用的树种应具备叶小、革质，枝节短密，萌芽率高，适应性强等品质。

（4）采掘方法　先对选定的树木进行观察，然后粗剪，再从根的四周挖掘，注意尽可能不伤到树的表皮与须根，并带土包扎。另外，也可分期采挖，即今年粗剪并先截主根，将土重新填上（留下记号），待次年采掘，此法对于成活率低的树种尤为奏效。但应注意，对于国家法律法规及相关部门所规定的保护树种、禁挖区域，不可擅自为之。

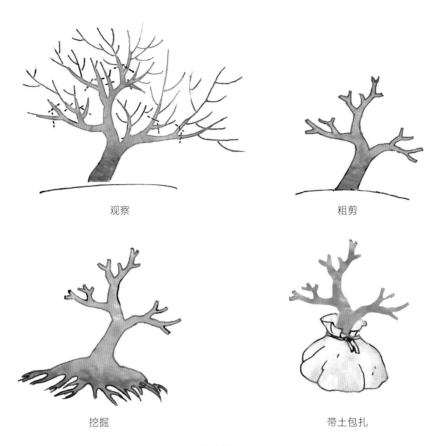

观察

粗剪

挖掘

带土包扎

树种的采掘

（5）快运速栽　采挖的树木应迅速运回修整栽培。途中可以用塑料膜或其他柔软物包装捆扎，以防风吹、日晒使树种脱水而影响成活；还可以根据不同树种的特性，适量喷水保湿。

2. ｜ 繁殖

繁殖是利用植物生理特性，通过人为技术获得树木盆景的制作材料。此不仅有利于保护自然生态，而且是盆景产业化发展的有效方法。

（1）播种　利用种子繁殖，如松、柏、榕树等，其播种时间多在春、秋两季。优点是成本低廉，并可获取大量苗木，也便于造型，但对长势慢的树种会延长成型时间且难有天然野桩的老态。

（2）扦插　利用树木的枝、根进行繁殖。凡适应性强、易生根的树种均可采用，如榆、榕、黄杨、六月雪、福建茶等。这些树种不仅取材方便、方法简易、成型快捷，而且可获得上好材料，微、小型盆景常用此法。以选择1~2年生无病虫害枝条为佳，长短曲直根据造型需要而定，下端斜剪（注意不要头尾倒置），是否带叶要根据树种特性要求分别处理。若是根插，以上端露出土面2厘米为好。春秋两季均可进行扦插。

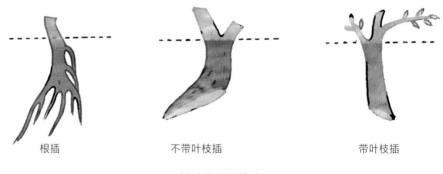

根插　　　　　　不带叶枝插　　　　　　带叶枝插

树种的扦插繁殖

（3）分株　分株是将植物母体根茎萌发的新株切开，成为独立的新植株。其操作简单易行，成活率高，春秋两季采用此法为佳，若处理得当，一年四季均可进行。

母株萌发的新株　　　　　　母株　　　　　　分株后的新株

树种的分株繁殖

（4）压条　压条是将植物母体上靠近根部的枝条压入盆土中，待枝条生根并萌出新株后切离母体，形成独立的新植株。春秋两季均可进行压条繁殖。但应特别注意保持盆土湿度，以促进压条生根成活。

压枝入土　　　　　　　　　母株　　　　分离母株后的新植株

树种的压条繁殖

（5）嫁接　嫁接是将植物枝、芽（称为接穗）的某一部分接到另一植物的枝干（称为砧木）上，使其愈合生长成为一个新植株的繁殖技术。此方法接穗与砧木互为补充，不仅可保持原植株的优势，还可获得其他优良品种。但在嫁接过程中要注意与之相关的几个因素。

①亲和性。一般选用同科且亲缘最近的植物相接，如小叶榆与大叶榆、紫薇与银薇、红花檵木与白花檵木、五针松与黑松等。

②嫁接时间。一般以春分前后为宜，还可因各地气候及树性不同而有所差别。适宜嫁接的时间、季节以接穗和砧木休眠过后开始萌动之时为佳。

③接穗和砧木。接穗应选取健壮枝条的中间段，砧木要选无病虫害的树干或枝条为好。

④技术要求。接穗与砧木的接触面要削切平整、光滑，并对准形成层，再用塑料带绑扎牢固。可以用树干作砧木，也可以用树枝作砧木。

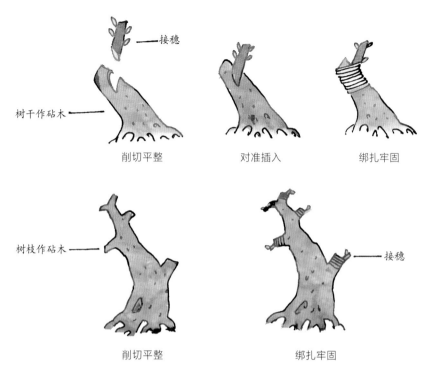

削切平整　　　　　对准插入　　　　　绑扎牢固

削切平整　　　　　绑扎牢固

树种的嫁接繁殖

　　⑤接后管理。留心观察接穗抽芽，谨防病虫害，并及时将砧木所萌发的芽抹掉，以保证砧木的营养直接供给接穗，促进成活。到两厢皮层基本愈合后，即可解开包扎物，细心养护；待接穗粗壮后逐步对接穗与砧木连接处进行加工，使之过渡自然。

剪掉虚线外多余部分

嫁接后的加工

　　嫁接的方法还有很多，如靠接、劈接、腹接、芽接等。

3. │ 购买

到市场选购桩材，应注意观察其成活的几个因素。

（1）根部　桩材成活与否，根部为首要，尤其是须根，因为植物的生长主要靠须根吸收营养和水分，没有须根或须根很少的桩材一般成活率低，反之成活率高。

选购桩材要注意须根的发达程度

（2）色泽　观察根、枝、干或叶片是否饱满色正，若枝、干、根表皮收缩，叶片卷涩，色泽不正，说明植株被挖掘时间较长，失水过多，或保管不善，成活率低。

（3）伤痕　注意观察枝、干、根皮层的损伤程度，因为植物的营养、水分是靠皮层输送的，若皮层损伤严重，"水线"受阻，就会影响成活。

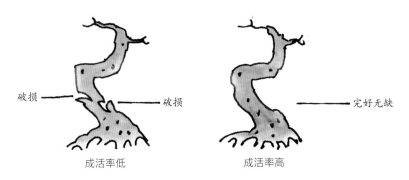

选购桩材要注意皮层损伤程度

（4）宿土　宿土指附在树根上的山土，土块留得越多，说明根部越趋完好，成活率越高。

4. │ 品别

品别（选材）是指根据自己的需要对桩材进行品别选用，去留取舍。无论是对何种来源方式的材料，都应讲究这个问题。

（1）规格　明确树木盆景规格，比如微型盆景树高10厘米以下，小型盆景树高10~40厘米，中型盆景树高41~80厘米，大型盆景树高81~120厘米，树高120厘米以上的为超大型（巨型）盆景。作为家居盆景、产业盆景以微、小、中型为佳，而盆景园则应有大、巨型盆景。总体上都要把握规格，所以在选取桩材时应预计盆景成型时的高度和飘长。

（2）形态　树桩形态为盆景制作的关键所在，不容忽视，选取时可考虑以下几方面。

①选取古朴苍劲、棱节嶙峋、由粗渐细、过渡自然的树干桩材。

上细下粗过渡自然

②择取怪异奇特、疙瘩瘤状、违背"自然"、野趣怪诞、象形意味的树干桩材。

野趣怪诞的树干桩材

5. ┃ 修整

修整是将获取的桩材在落土养坯前，根据日后造型的要求以及对损伤的部位所进行的加工、调整。

（1）截 高干短截，粗长根短锯（便于日后上盆），截除赘干等。截锯树干时，要根据芽位走向斜截为好，使今后树的造型走向趋于自然。

（2）剪 注意芽点、留枝短剪。舍弃丛生赘枝，清除损伤的细根；对截口易引起萎缩的树种如雀梅、朴树等要多留2~3厘米，待次年或成活后再复剪到位。

（3）修 用凿子、刀片等，将剪、截创口的棱角以及粗糙的木质纤维削顺，使之平整光滑。

（4）护 剪、截、修后用白乳胶堵封创口，并加贴黑塑料膜，以防水分蒸发，有利于桩材创口组织的愈合。

三、常用树木特性

树木盆景以植物为主要材料，经过培植、养护、造型制作、盆盎配置、配件摆设等形成景观，以供观赏。根据传统习惯，树种有所谓四大家、七贤、十八学士等。其实，在实际应用中，可供制作盆景的树种绝不仅限于此，随着盆景产业的发展，盆景爱好者的逐年增加，盆景树种也在被不断发现及开发利用。因此，大凡叶小、节短、萌发力强、便于加工、耐剪耐扎、寿命长、成活率高、适应性强、根干奇特、花果艳丽的树种，均可作为盆景制作的材料。

【老树得秋多】

水榕　树高65厘米
作者：庄文其

树木盆景制作全图解

根据植物的类别，树木可分为松柏类、杂木类、藤本类和竹类。其中从易于加工修剪、寿命长的特点角度来讲，以木本植物为佳。就家居盆景而言，鉴于场所有限，要做到全年有景、四季可观，就要注意品种的搭配，尽可能做到品种多、数量少。因此，有必要对树种类别及特性加以了解。比如，松、柏等，四季常青，生机盎然；榆、雀梅等，不仅可观叶，还可观"骨"，寒林野趣，景象非常；紫薇、梅花、石榴等，既可观果又可观花，姿艳果丰，琳琅满目。

谈不上什么品种最好，它们不分贵贱，关键在于造型与养护，还要熟知相关树种的土壤要求、阴阳特性、水肥喜厌、观赏特点等。为了便于比较与查找，也限于篇幅，现将盆景的常用树种特性列于下表，供参考。

盆景常用树木特性一览表

名称	移植	土壤	光照	水分	肥料	修剪	翻盆	观赏
雀梅	2~3 月	壤土	强	耐湿	喜肥	四季	春夏	四季
九里香	4 月	沙壤	中	适中	喜肥	春夏秋	春夏	四季
榆树	1~3 月	壤土	强	耐湿	喜肥	四季	冬春	四季
福建茶	3~4 月	壤土	强	耐湿	喜肥	春夏秋	春夏	四季
榕树	春夏	壤土	强	耐旱涝	喜肥	春夏秋	四季	四季
紫薇	春	沙壤	强	耐湿	喜肥	冬春	冬春	花期
朴树	冬春	沙壤	强	耐湿	中	春夏秋	冬春	四季
黄杨	春	微酸土	耐阴	耐旱	厌肥	夏	春夏	四季
檵木	春	沙壤	半阴	耐旱	少	春秋	春	花期
六月雪	春夏	沙壤	稍强	耐湿	中	春夏	春夏秋	春夏
石榴	1~3 月	壤土	强	耐湿	喜肥	春夏	春	花果期
梅花	冬春	沙壤	强	耐湿	少	春、初夏	冬春	花期
赤楠	春	酸性土	半阴	耐旱	少	春夏	春夏秋	四季
杜鹃花	四季	微酸土	半阴	耐旱	少	春秋	春夏秋	花期
异叶南洋杉	春	壤土	喜阳	耐湿	喜肥	春	春	四季

名称	移植	土壤	光照	水分	肥料	修剪	翻盆	观赏
黑松	冬春	山土	强	耐旱	少	初春	冬春	四季
锦松	春	山土	半阴	耐旱	少	春	春夏	四季
山松	冬春	山土	强	耐旱	少	初春	冬春	四季
罗汉松	冬春	沙壤	半阴	耐旱	少	春夏	四季	四季
五针松	春	沙壤	半阴	适中	少	冬春	春	四季
黄荆	冬春	沙土	半阴	耐湿	中	四季	春夏	四季
山橘	4月	山土	半阴	耐旱	中	夏	春夏	四季
三角梅	春	沙壤	强	耐旱涝	中	春夏	春秋	花期
枸骨	春季	酸性土	强	耐湿	中	春夏	春夏秋	春夏
火棘	冬春	壤土	强	耐湿	喜肥	春夏	四季	果期

树木盆景 制作全图解

第二章

造型构思与
制作技艺

盆景的创作过程，是通过人的主观思维，对客观存在的素材进行高度概括、去粗取精、留形传神的一系列艺术构思和艺术加工。通过艺术形式，把作者的情感、气质、心境、审美等注入艺术形象之中，使之情、景、形交融，富于诗情画意。盆景创作尽管流派纷呈、风格各异，但万变不离其宗，原则却是共同的。

1. | 意在笔先

立意即构思。如画一幅中国画，要先构思画什么，如何画，哪一部分重墨，哪一部分淡彩，以及意象的表述等等。盆景虽有别于画画，但道理相通，以盆为纸、以树作画，面对一个桩材，首先要考虑的是其形态是否合意，结构是否得体，表现什么景致，寄寓哪种心境，而后决定取舍、截剪、加工，此即因材立意。此外，还有立意选材，即先定形式、内容、造型意境，再寻觅择取桩材。作为家居盆景，陈设于桌案、厅堂、阳台等处，与公园、艺苑、展馆等公共场所相比，其更贴近作者的个人情感世界，立意更具个性色彩，或奇异、或孤高，或深远，或洒脱，或怡然，所以面对可供取舍的桩材枝干及其根盘，不可草率截锯、修剪，而应反复推敲，使眼前的桩材大致吻合于心中的意境。这便是盆景艺术造型的开始。

【爱在人间】

雀梅　树高 116 厘米
作者：黄翔

树木盆景制作全图解

2. | 师法自然

所谓师法自然，就是拜大自然为师。自然界的树木千姿百态，为盆景创作提供了取之不尽、用之不竭的蓝本。通过艺术加工，缩龙成寸，表现大自然中的古木参天、丛林溪畔、奇桩野趣，使之春观新绿、夏拥层翠、秋染红叶、冬赏寒林，不仅浓缩了自然景观，而且还蕴藉了大自然的永恒。

人类从自然丛林走向"都市丛林"，尽管高楼栉比，但现代的生活空间不能没有花草虫鱼；人们以此点缀家居的本身就意味着对自然的崇尚与无法割舍的情缘。树木盆景是活着的艺术，其桩材取之自然，必须适应自然的生长规律。从形态上无论是抽象的还是具象的，均应师法自然、源于自然。就抽象而言，树的几何形状由等腰三角形、圆形、不等边三角形、椭圆形等组成；就具象来讲，自然界各种树木形态随处可见，如岸边、村口、溪涧、山野丛林等，其形态万千，均可为创作者提供取之不竭的创作源泉，激发灵性、启迪思想、感悟生活，创造性地表现自然形态。

【坐看白云生】

朴树　33厘米×80厘米
作者：陈啸声

【春光无限】

榆树　盆长50厘米
作者：黄翔

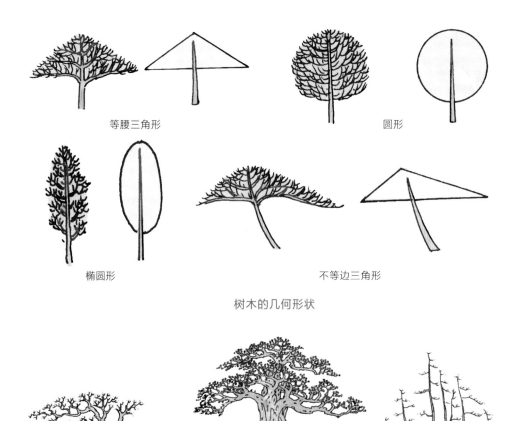

等腰三角形　　　　　　　　　　圆形

椭圆形　　　　　　　　不等边三角形

树木的几何形状

树木的自然形状

3. 因势造型

　　"势"为事物运动过程中所表现出的力的趋向，一种感觉状态，一种艺术效果，一种力的外张与形的展示。在造型中，应谨防公式化、概念化，要因材而异、顺势造型，把握树势特征。

　　（1）主干定势　　主干伸延及其生长的方向、角度决定了树势的特征，如：直干伟岸，有顶天立地之势；斜干灵气，有潇洒飘逸之势；曲干流动，有逶迤升腾之势；卧干怡然，有藏龙卧虎之势；悬崖跌宕，有飞渡天险之势；丛林挺拔，有争相竞秀之势。

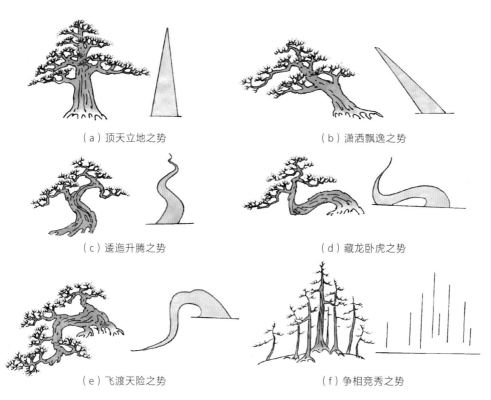

（a）顶天立地之势　　　　　　　　（b）潇洒飘逸之势

（c）逶迤升腾之势　　　　　　　　（d）藏龙卧虎之势

（e）飞渡天险之势　　　　　　　　（f）争相竞秀之势

树木主干定势特征

【早春二月】

崔梅　67 厘米 ×89 厘米
作者：黄翔

【村意远】

榆树　110 厘米 ×135 厘米
作者：刘国强

（2）枝助势　主干定势枝辅佐，枝的走向可助势。

①枝干反向伸延，造成对抗矛盾显力以助势，如跌枝、大飘枝。

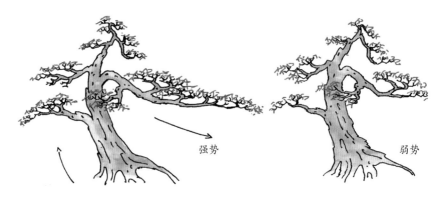

枝干反向伸延

②重点枝强调夸张，制造不平衡以助势，如临水枝。

重点枝强调夸张

【立马昆仑】

榆树　118 厘米 ×182 厘米
作者：刘国强

树木盆景 制作全图解

③枝片群体相向，制造统一以助势，如风吹枝。

（3）根基稳势　根基为势的基础和起点，与干匹配，相得益彰。

①直干板根、气宇轩昂。

②斜干拖根，干、根反向伸延，看似各自西东，却是相抗得势。

③卧干以干代根，道是无根胜有根，气势不凡。

④悬崖爪根，咬住山岩，其干盘旋而下，蕴含有惊无险之势。

⑤"假山"丛林以"山"代根，具有托起层林竞秀之势。

（4）外廓显势　盆景的周边轮廓出现枝片开合、气脉相通，体现了树相的整体趋势。

枝片群体相向

"假山"丛林之态

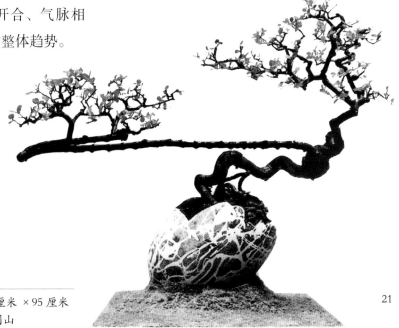

【出】

崔梅　49 厘米 ×95 厘米
　　作者：黄明山

21

4. | 动静结合

　　树木盆景中的动主要指造型要生动自然，有动感；而静不仅指盆景是静止之态，更主要的是指布局构图上的造型，如树相呈等腰三角形等。动态是一种美，静态也是一种美，在艺术造型中，动与静互为作用，如风吹枝的动态却以静的方式凝固在益盆里。动静结合的关键在于因材制宜，因意结体，否则，即使动感很强的曲干，因枝托呆板，制约了主干的流动，同样给人以不自然的感觉；而直干树，不必强行扭曲，只要把握好侧边大飘枝，以动破直干的静，仍然能显得生动自然。

造型呆板造作　　　　　　　　　　　　造型生动自然

　　（1）静中寓动　采取"破"法，比如一斜破两直、跌枝破平枝、小树破大树，以及长破短、简破繁、点破面等。

跌枝破平枝　　　　　　　一斜破两直　　　　　　　小树破大树

静中寓动的盆景造型

（2）动中有静　动应讲重心，求稳。如干动根稳，枝动干控，枝干动盆固。

5. | 繁简并用

在盆景创作中，是枝繁叶茂，还是疏影横斜，都涉及繁与简的问题。谁优谁劣，没有定数，都是根据作者构思意图所确定。繁不可杂，简不可无，一枝一叶总关情，当繁则繁，当简还简。树木盆景有的以繁取胜，有的以简为行，二者自身在作品中也存在繁简互用的情况，即使小型盆景以简为佳，也仅仅是指其枝托不宜太密而已，繁与简则分布于整体构架及其空间虚实之中，此可吸纳中国画理"密不通风，疏可走马"。

【情藏沃土意蓝天】

雀梅　树高 96 厘米
作者：黄翔

（1）单体造型　单干树把握枝托间的繁简、疏密及空间布局。

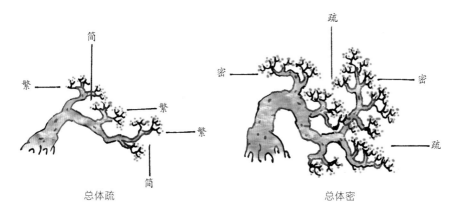

总体疏　　　　　　　　　总体密

繁简疏密并用的单体造型

（2）双体造型　双干树把握整体，两树看做一树，左右展开、枝、杈相互穿插、错落、前后遮掩、相互呼应，留意两树间及两树外展的大空间与小空间的繁简疏密。

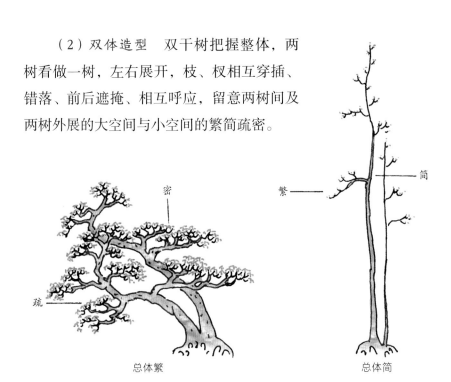

繁简疏密并用的双体造型

（3）丛林造型　丛林造型要把握植株聚集、分散以及前后左右、远近高低、间距宽窄、粗细大小、疏密繁简等的互用关系。

（4）水旱造型　树石、坡脚、青苔铺设等较繁密细致，而在水域部分则较疏简，是很典型的繁简对比、繁简互用。

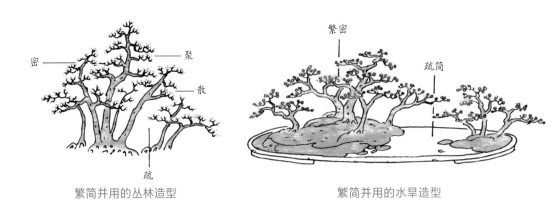

繁简并用的丛林造型　　　　　　　　繁简并用的水旱造型

6. 以小观大

中国山水画以咫尺之幅写千里之景，而树木盆景则求咫尺盎然，缩龙成寸，即所谓以小观大。其大小是通过树的形态及其配件的摆设得以显现。在这里要提的是，在展会中经常会遇到摆件与盆树不相匹配协调，从而削弱了树相的高大，没有起到以小观大的审美效果。

【横空出世】

榆附石　18 厘米 × 24 厘米
作者：庄文其

（1）虬曲棱节　表现树木老态龙钟之感。

（2）直干高耸　体现树木凌空入云之势。

虬曲棱节

直干高耸

（3）矮壮苍劲　展现了
大树撑天之态。

（4）小树依依　衬托大
树之雄健。

小树依依

矮壮苍劲

【繁荣】

榕树　90 厘米 ×130 厘米
作者：林联兴

【古榕风韵】

榕树　100 厘米 ×120 厘米
作者：林联兴

7. | 阴阳向背

树分四枝，前后左右，参差错落，阴
阳向背，凹处为阴，凸处为阳。阴处一般
不留枝托，阳面出枝。如"好"字为向，
向内者为向；如"北"字为背，向外者为背，
体现枝托伸延的方向。

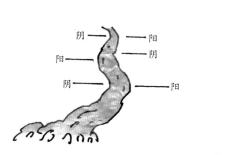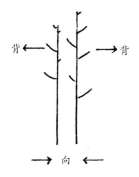

阴阳向背示意

（1）阴 凹陷处若留托，感觉拥塞，削弱树干曲线美，影响树势。

（2）阳 凸起处应留托出枝，体现树的动感与力度，增强树势。

凹处留托出枝显得拥塞　　　　　凸处留托出枝体现力度

（3）向 主干左、右侧枝托相背，而枝杈却相互对展，参差错落、顾盼呼应，显得生动自然。

（4）背 两树外侧疏展、扩张，内侧相互避让，疏密有致，层次分明，展示树态与风姿。

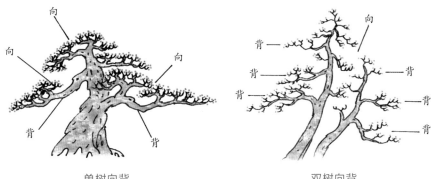

单树向背　　　　　　　　　　双树向背

8. | 主次分明

戏有主角、配角之分，画有远近虚实关系，树木盆景同样有主宾之位、主次之分。无论内容形式如何多变，都不可偏离主从关系、"客随主便"的原理。

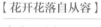

【花开花落自从容】

紫薇　树高 105 厘米
作者：黄翔

【紫气东来】

紫薇　80 厘米 × 70 厘米
作者：郑阿唐

（1）主树定位　确立主景地位，突出主树，配置从树，如双干树主树粗而高，从树小而矮。

（2）强调主托　诸枝托中分主次，主托领衔抢眼，显得粗壮、飘长，如临水枝、大飘枝。

主树　　　　　　　　　　从树

主树定位的双干树景　　　　　　　强调主托的单干树景

（3）主大客小　主景体积大，占据一定空间，次景体积小，作为陪衬。以此类推。此在水旱盆景中尤为考究。

主大客小的水旱树景

（4）配置从属　山石、苔藓、配件等都属于从属地位，谨防喧宾夺主，本末倒置。

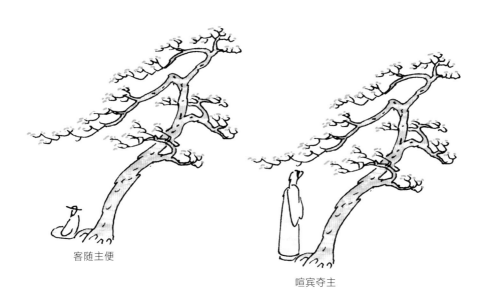

客随主便

喧宾夺主

配置饰件的树景

比例是树木盆景审美的重要因素，所谓缩龙成寸的"寸"就说明了这一点。同样规格、形态的树种、桩材，如果枝干比例不协调，便会削弱其艺术效果。比例贯穿于盆景造型制作乃至盆景参展的各个环节及其相关因素之中，含树、盆、配件、几架等。仅以树而言，一般有主干、次干、主托、次托，以及干与干、干与枝、枝与枝相互之间的比例要求及其协调关系（畸形怪异的例外）。

比例失调   比例协调

比例协调的造型原则

【村头寄语】

榕树　115 厘米 ×220 厘米
作者：黄明山

树木盆景制作全图解

（1）主干比例

①树干下粗上细，过渡自然。

②树干弯曲由下往上，一节比一节短。

（2）枝托比例

①枝托由下至上，一托比一托的间距要密。

②枝托由里向外，一节比一节细长；也可第一节短，一般 2~4 厘米，第二节开始可长短交错延伸。

③枝托主脉与次脉及横角的比例随着枝权的延伸逐渐趋同。

（3）干与枝的比例

①第一枝托一般在主干由下往上的 1/3 处出枝。

②第一枝托与主干的粗细比例一般是 1：3，越往上其枝、干比例越趋于同化。

上述为一般规律，不含特例。

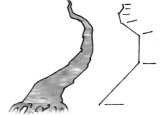

下粗上细　　　树节下长上短

主干的比例要求

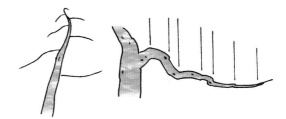

枝托下疏上密　　　枝托树节内粗外细

枝权尾梢粗细趋同

枝托的比例要求

第一枝托与主干的比例

　　顾盼呼应是拟人手法在树木盆景造型制作上的表现。高俯就低为顾，低仰望上为盼。树木枝托相互间的延伸、穿插、追逐为呼应，如同将植株注入了人的情感，彼此谦让、情投意合，给人以亲切自然之感。反之，如果各枝纷争、各干西东、杂乱无章，便难成佳品了。

　　①顾盼生情，表现为俯仰之间，大树、老树呈俯状，小树、幼树为仰状的照应形态。

　　②呼应有致，表现为树树有情，枝枝同心，枝、杈互望或者随行的群体亲和形态。

　　③顾盼呼应，互拥互让，相辅相成，融为一体。

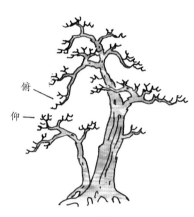

俯
仰

顾盼生情

呼应　　　　呼应

呼应有致

顾盼呼应的造型原则

【踏歌行】

榆树　树高68厘米
作者：黄翔

11 | 变化统一

　　一盆佳作，要求自然生动、浑然一体，既有变化又有统一。在这里变化与统一实际上涵盖诸法则，如比例、繁简……以及树、盆、几等在整体造型应用中的要求。就树木而言，究竟如何变化、如何统一、如何将诸元素应用于造型制作之中，关键应注意点、线、片、廓4个方面的变化统一。

　　（1）点　　点在这里有4层含意。其一是相对于线而言，点延伸形成线，线缩短便成点，此要看点、线的伸缩程度与周边枝杈相互间的状态而定。其二是相对于叶片而言，树叶展开为片状，枝杈抽芽为点状，二者给人感觉完全不同，枝繁叶茂为盛夏、寒树抽芽见新春，情境有别。其三是相对于枝片而言，枝片大小均为片，而在特定审美情境下，大片枝托为片，小片枝托则为点，处理得当，能起到锦上添花的作用。其四是相对于整体效果而言，能起到平衡布局、画龙点睛的作用，此在水旱盆景中最为显见。

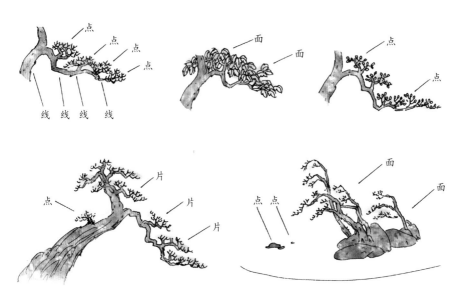

点线面的应用与组合

（2）线　将盆景的主干、枝片加以抽绎，其树相形态是线条的组合运用。主干是控制全局发展的领衔主线，枝托主脉是架设在主干四周的次线，枝片是次脉、横角的聚集，根基是粗细不等、状态不一线的组合与分布。线条的走向在总体趋向中求得变化，在变化中取得和谐统一。正如盆景剪枝口诀所说：一枝讲弯曲，二枝讲长短，三枝讲聚散，四枝讲疏密，同时兼顾上下左右的伸缩与回旋。

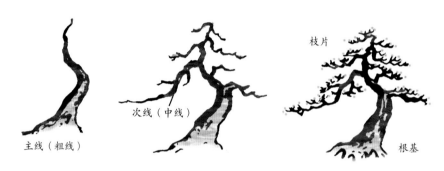

树相形态是线条的组合运用

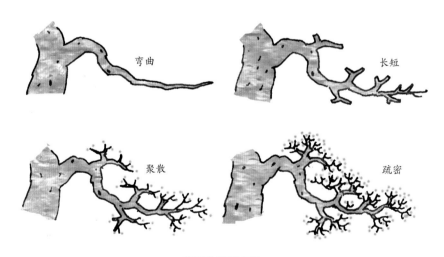

盆景的剪枝口诀

（3）片　枝杈聚集成片，平片为片，片中有片也是片。前者规整、呆板，没有变化；后者自然、生动，有层次感，融小片为大片。

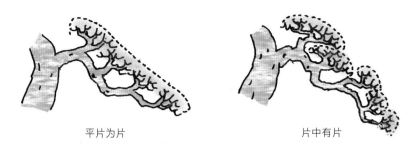

平片为片　　　　　　　　　片中有片

枝杈聚集成片的变化统一

（4）廓　树的外廓如果从静态美的角度讲，可以呈直线或者等腰三角形，但缺乏动感。如果以"破"求变，采取强调、削弱手法，使树的外廓呈曲线，便有了流动感，整体呈不等边三角形，树态便生动自然起来了。

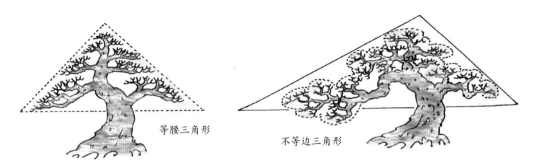

等腰三角形　　　　　　　　不等边三角形

树木外廓的变化统一

【绿云飞渡】

榕树　105 厘米 × 130 厘米

作者：林联兴

形是盆景的外部形态，是具
象的；神是形态中所蕴含的韵味，
是抽象的。神是通过形的存在而得
以体现。没有形，神就无从谈起。
只追求形似，而没有艺术加工、
提炼、概括，那只是自然的翻版，
就不是"源于自然、高于自然"了。
若无限夸大神韵而不注重造型，那么
神韵也无以依托，只是奢谈。只有去

【云山一览】

榆附石　树高60厘米
作者：黄翔

粗取精、去伪存真、注入情感、融入个性，才能达到情、景、形交
融，以形传神、形神兼备的艺趣韵味。

二、造型分解

树木盆景形态万千、形式多样，要根据不同的观赏载体及其形
态特征进行综合考察与分解，大体上可以从数量、走势、形态、枝托、
枝形、根形、冠形及畸形等方面进行分解。

1. | 数量分解

数量分解多以主干数量的多少进行划分。

（1）单体式　主干单一，形态不一，有直干、斜干、曲干、卧
干、悬崖干、临水干和倒挂干等形态。

（2）双体式　双干组成，有一本双干和组合双干两种形式，并
可细分为大小干、高低干、正斜干、双斜干、双倒挂干和双临水干
等多种形态。

（3）丛林式（多干式）　一般三干以上称为丛林，有一本多干
和单干组合两种形式。其中还可细分为假山丛林与溪畔丛林等。

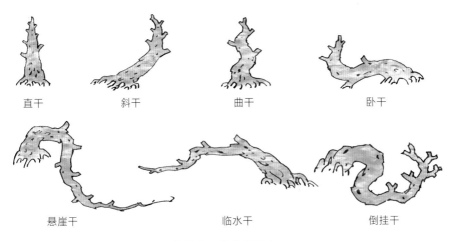

直干 　斜干 　曲干 　卧干

悬崖干 　临水干 　倒挂干

单体主干的分解形态

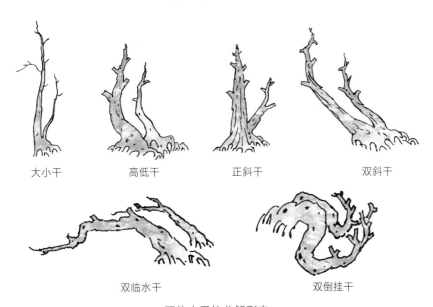

大小干 　高低干 　正斜干 　双斜干

双临水干 　双倒挂干

双体主干的分解形态

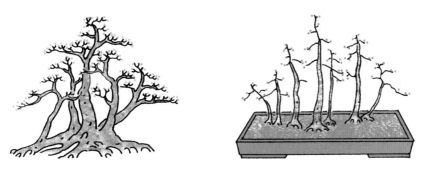

一本多干丛林 　单干组合丛林

【深山藏古寺】

榕树　68厘米×139厘米

作者：陈啸声

假山丛林

溪畔丛林

【树石情缘】

榆附石　38厘米×49厘米

作者：郑阿唐

【融情】

雀梅　95厘米×73厘米

作者：谢忠

2 | 走势分解

树木走势多根据主干走向及其特征来划分。

（1）直干式 主干直立，显得伟岸挺拔、端庄稳实。

（2）斜干式 主干左斜或右斜，犹如横空出世、洒脱飘逸。

（3）曲干式 主干虬曲苍劲、逶迤升腾，似虬龙腾空，富有动感。

（4）卧干式 主干主要部分横卧盆面，上部仰起，似醉翁侧卧、对酒当歌，又似神兽伏卧，浑然天成。以横干是否接触盆土为准，分为全卧与半卧。

直干式走势

斜干式走势

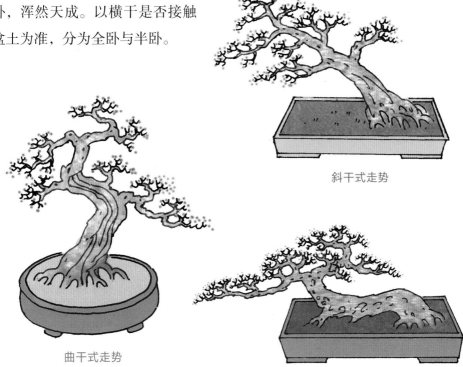

曲干式走势

卧干式走势

（5）悬崖式　主干从基部始垂直向上或略斜弯曲，然后急转直下，蛟龙入海，虬曲回旋，险峻惊绝。根据主干树梢下垂是否超过盆底而分为全悬和半悬。

全悬

半悬

悬崖式走势

（6）倒挂式　主干从基部向上斜出盆口，下跌至盆中部左右急转向上，树梢结顶在盆口之上，令人出乎意料，又在情理之中，可谓妙趣横生。

倒挂式走势

临水式走势

（7）临水式　主干介于卧干与斜干之间，横斜跨越盆面，向盆外大幅度伸延，如池塘、溪畔、岸边、山涧的树影横斜。

假山式走势

（8）假山式　主体变形，疙瘩
洞穴，形似假山；树置山顶、山腰、
山脚，看似层林竞起，风光无限。

（9）过桥式　主干或粗根拱起横
跨，两端深扎盆土，形似桥体，左右两
侧树木直斜或弯曲，别有情趣。

过桥式走势

提根式走势

（10）提根式　又称露根式，以根代干，
观根为主，充分展示根系魅力，犹如蟠龙巨
爪，更显老态龙钟。

3. ┃ 形态分解

树木形态多根据树桩盆
景的整体形式特征来划分。

（1）自然式　以树在静
止时的自然形态为蓝本，经艺
术加工、提炼，典型地表现自
然界千姿百态的树态景观。

自然式形态

（2）规则式　相比于自然式，规整片状是其主要特征，是采用特别的蟠扎、修剪而成，有很强的装饰感。

规则式形态

风动式形态

（3）风动式　艺术地表现自然界树木在特定环境下的特定形态。

（4）象形　以动物等形象特征为模型，通过蟠扎、扭曲或稍加雕刻等手法制作而成。

象形式形态

【金蛇狂舞】

榕树　106厘米×143厘米
作者：魏积泉

【上下五千年】

榕树　75厘米×100厘米
作者：黄明山

【玉兔下凡】

榕树　58厘米×56厘米
作者：陈啸声

　　（5）怪异式　树木在自然界生长过程中受到周边山石挤压，违反自然树木常态及其规律，发生变形，顺此因材施艺制作而成，故显得奇特、古趣，打破常规造型。

　　（6）枯干式　树木在恶劣环境中有部分枝干自然死亡，通过艺术加工，表现其净洁、崇高、枯荣相照的精神内涵。此多为松柏类盆景。

怪异式形态　　　　　　　　枯干式形态

43

（7）水旱式　若按照严格归类，水旱盆景不属于树桩盆景类。水旱盆景是树木盆景的扩大化，是树木盆景的延伸，是用树木、山石、水旱盆等材料结合透视法则构图组成的，最能表现江河湖海、山川树木的全方位自然景观。

水旱式形态

云朵状枝托

4. ┃ 枝托分解

根据枝托走势与外观形态划分。

（1）规整型　属于工整、规则的枝托类型，形式感强但缺少变化。

云朵状：主干呈弯曲状，枝片以蟠扎为主，似天空云朵。

云片状：主干呈弯曲状，枝片可以蟠扎成很薄的云片状。

象形状：根据桩坯类似某种动物的形象特征，留心于"像"，经蟠扎修剪而成。

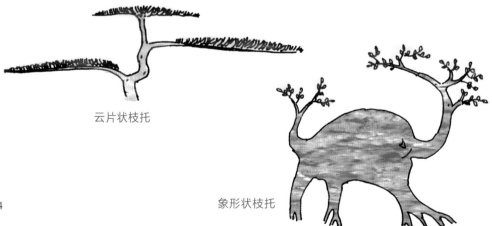

云片状枝托

象形状枝托

（2）自然型　缩龙成寸，表现出树影婆娑、古木参天、清新自然的树态。其枝托分主脉、次脉、横角等；其枝形大体有平展枝、跌枝、大飘枝、垂枝、风车枝、回旋枝、上扬枝、前枝、后枝、点枝等。

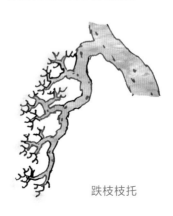

【阅尽春色】

榆附石　78厘米×93厘米
作者：谢忠

枝托分解

平展枝（摊手枝）：枝片横展，主脉平中微曲，次脉分展，细枝铺开，外廓平行，显得宁静飘逸。

跌枝：主脉向下曲折斜跌，次脉小枝向上张扬，上下着力点的不同将导向抗争，以显力度，雄浑苍劲，增强树势的险峻动感。

平展枝枝托　　　　　　　　　跌枝枝托

45

大飘枝：主脉回旋跌宕，次脉小枝扬起，曲节自然流畅，苍劲飘逸，富有动感，为植株整体构架的重点枝托，常见于飘逸的斜干树或直干树的一侧，左飘或右飘。

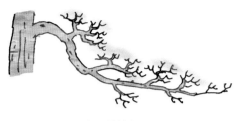

大飘枝枝托

垂枝：主脉的第一段先向上而后弯曲呈弧线向下垂荡伸延，姿态生动、线条含蓄、节奏缓慢，比跌枝柔顺，在一般树形中较为常见。

垂枝枝托

风车枝：将两侧垂枝、跌枝或上扬枝的次脉加以扭转，使其向树干前后、上下方向伸延，使树干有所遮掩，时隐时现，虚实相间，增加立体感。当正背面出枝位置与边枝同在一个平面上时，会使树形感觉拥塞，影响美观，此时就可运用风车枝加以补缺。

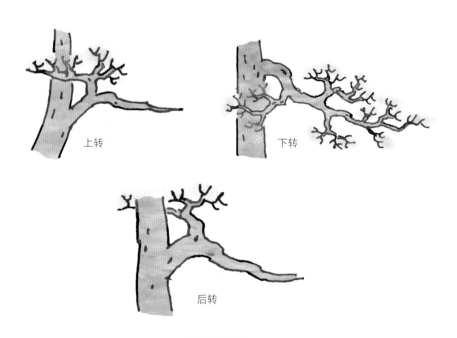

上转

下转

后转

风车枝枝托

回旋枝：主脉倾斜向下伸延，次脉明显弯曲回头向上，或向相反一侧延伸，形如鸡爪，苍劲有力，树相雄浑，在制作时须注意枝条走向的协调。

上扬枝：枝形顺其自然地上扬生长，枝节细长，枝杈夹角小，力度弱，用于幼树较为适宜。

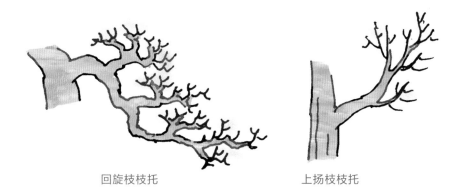

回旋枝枝托　　　　　　　　　上扬枝枝托

前枝（顶心枝）：出枝部位在主干正面，枝梢朝向人的面前延伸，拥塞刺眼，有顶心的感觉，一般应慎用，关键掌握枝托的第一节应短，第二节开始将枝条带歪，出枝可以采用欲左先右，或欲右先左，以常规欣赏角度视平线为准，确定其枝条是下压还是上扬，并注意其枝片不宜太粗、太密、太长。

后枝（射枝）：枝托在干的背后向左或向右放射斜生，可用来弥补左右部位的空当使树面面观，增加立体感。

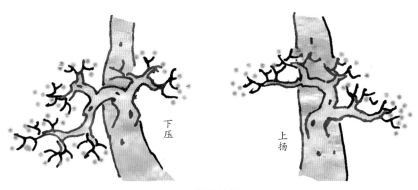

下压　　　　　　　　　　上扬

前枝枝托

点枝：即小枝片，起点缀作用，在树干的某一部分，出枝嫌密、无枝偏空时，可用点枝弥补，如同国画山水中的"点苔"。根据需要，点枝可呈团状也可呈片状。

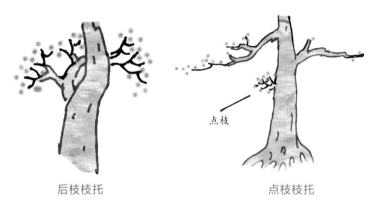

后枝枝托 　　　　　　　　　　　　　点枝枝托

在造型中，上述枝托类型可根据造型意向所需，穿插择用，协调即可。与此同时，在具体制作中要谨防死曲（直角）枝、蛇曲枝、平行枝、脊枝、腋枝、贴身枝、大肚枝、叠生枝、对生枝、轮生枝、下垂枝等不良枝的出现。

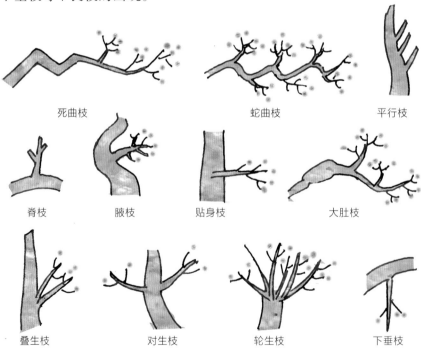

死曲枝　　　　　　　　　蛇曲枝　　　　　　　平行枝

脊枝　　　腋枝　　　　贴身枝　　　　　大肚枝

叠生枝　　　　对生枝　　　　轮生枝　　　　下垂枝

造型中的不良枝分解

5. 枝形分解

枝形一般根据枝托主脉上的次脉及其小枝杈的基本形态来划分。

（1）鹿角枝　其特征为枝节偏长，节与节粗细过渡缓慢，枝与枝相互间夹角小，且多为向上趋势，有如鹿角，枝节流畅、洒脱自然，适宜高飘型或斜干飘逸的树形。

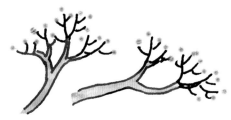

鹿角枝枝形

（2）鸡爪枝　其特征为枝节粗短（2~4厘米），节的过渡粗细明显，第一节一般不留次脉，次脉第一节不留小枝，枝形苍老、刚劲虬曲，枝杈相互间夹角大，呈鸡爪形，适宜曲干以及苍劲、雄浑、矮壮的大树型及悬崖型树木造型。

鸡爪枝枝形

（3）风吹枝　其特征为枝条起始呈弯曲，向统一方向伸延，一呼百应、气贯势联，动感强烈，表现大风吹刮作用下的特定树态。

风吹枝枝形

（4）藤曲枝　枝条曲折细长，藤状伸延，漫天飞舞，曲尽其态，形状怪异，表现出荒野古树的形态。

藤曲枝枝形

（5）垂帘枝　枝条向上伸长，而后顺弧下垂，长短相间，柔软飘逸，微风吹拂徐徐飘舞，主要用于柳树类树木，适宜表现江南水乡景色。

（6）自然枝　枝条自然生长，不带过多的人工修剪蟠扎痕迹，自然清秀，充满青春活力，以表现幼树之态为佳。

垂帘枝枝形　　　　　　　　　自然枝枝形

这些枝形仅为其特征的概括，在实践中，很难规定采用何种枝形为佳，具体应用中要根据创作意图，灵活择用。

6. │ 根形分解

（1）放射式　以主干基部为中心，根基呈放射状，紧贴盆土，显得四平八稳、坚定有力、毫不动摇，为直干型树木最上镜的理想根形。

放射式根形

（2）拖根式　其根系集中于树干一侧，与树干呈相反方向伸延，干与根的不同走向形成对抗力，以达到整体平衡及视觉上的和谐，表现出稳健舒展，根、干气脉贯通，以斜干树最为常见。

拖根式根形

（3）爪根式　根基形
同鹰爪，咬住青山不放松，
简洁明了，意图明确，毫不
含糊，张扬力度，最适宜于
悬崖根形。

爪根式根形

（4）盘龙式　根呈蔓
藤状伸延，似龙蛇群集，呈
起伏性走向，穿插前行，放
射状铺开，野趣古朴，为老
态龙钟的古树根形。

盘龙式根形

（5）雨林式　树干气
根下垂，扎向盆土，大小柱
状如同热带雨林，独木成
林，常见于榕树。

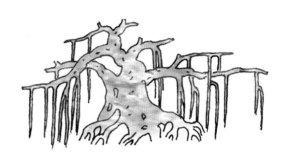

雨林式根形

【天韵】

榕树　树高 110 厘米
作者：黄明山

51

（6）根干式　根系粗壮，相挤相连，纹理交错，沟壑纵横，亦根亦干，深扎盆土，常见于榕树。

根干式根形

【博爱】

榕树　120厘米×150厘米
作者：黄明山

（7）扭曲式　根系裸露，在干的下端呈放射状弯曲，缠绕生长，如虬龙集结，曲尽其态，生命力顽强，别有情趣。

扭曲式根形

【庄子梦根】

榕树　树高93厘米
作者：庄文其

（8）绕干式　其根系绕主干而下，与主干刚柔相济，似情人缠绵，生死相依，常见于曲干树根形。

（9）板块式　基座如同板块，布满疙瘩，凹凸相连，根系长在基座下面，以干代根，适宜一本多干或假山丛林。

【相依成趣】

榕树　飘长75厘米
作者：沈勇仁

绕干式根形　　　　　　板块式根形

7. ｜ 冠形分解

树冠的形状多根据树梢形态来划分。

（1）散点冠　一般为一枝结顶，树梢尾端突出向上，顶梢侧枝数点分布，表现为清新、自然、简约、生动，适宜高耸，直、斜干冠形结顶方式。

散点冠冠形

（2）扇形冠　一般为丛枝结顶，树冠为三枝以上，顶梢边枝争相向上，顶端偏高，密集展开，呈放射状，适宜外廓呈等腰或不等边三角形的矮壮大树冠形。

扇形冠冠形

三角冠冠形

（3）三角冠　一般二枝结顶，一高一低，主枝向上，边枝横展，常见于曲干树的结顶方式。

（4）平顶冠　树梢所有枝条呈水平弯曲蟠扎成云片状，显得规则、简洁，富有装饰感，偶尔为之，饶有趣味。

平顶冠冠形

【琴心剑胆】

黑松　85 厘米 ×110 厘米
作者：黄明山

（5）等腰三角冠　一般为丛枝结顶，顶枝高出，两侧对称，枝杈上扬比较明显，适宜外廓等腰三角形的直干树。

等腰三角冠冠形

回头冠冠形

（6）回头冠　其特征为树梢猛然回首，偏向主干一侧，通过干的纵向与冠枝的横向反差对比，神采飞扬，适宜树干弯曲急转和风吹式树态的树冠结顶方式。

（7）枯梢冠　树冠顶端为枯干直冲苍穹，有如刺破青天锷未残，下部枝繁叶茂，枯荣相照，对比强烈，为舍利干盆景所追求的树态冠形。

枯梢冠冠形

【古雅风姿独耐看】

榕树　100厘米×125厘米
作者：林联兴

三、 制作技艺

树木盆景在具体制作中要掌握好一般技艺与特殊技巧。

1. 一般技艺

一般技艺指常规的制作方法及其技术。

（1）修剪 树木盆景造型的主要方法，也是维护树形不可缺少的手段。操作时，要求干净利落，不能拖泥带水，必须做到剪口"平""净""巧"。"平"即剪口平滑，"净"即要剪得干净，"巧"即巧妙选择截位及其角度（一般剪口为45°角），尽可能使创口愈合后消除人工痕迹。修剪的时间因树木品种及地域气候温差不同而有所差别。落叶类树木一般一年四季均可修剪，松柏类树木宜在春季进行，还应根据树木造型过程的不同环节而采取不同的修剪方法及其顺序。

疏剪：将不合乎造型需要的枝条剪除。一可保证良好的光照和通风；二可使营养集中供应所留枝条，使植株得以健康旺盛地生长，缩短成型时间。

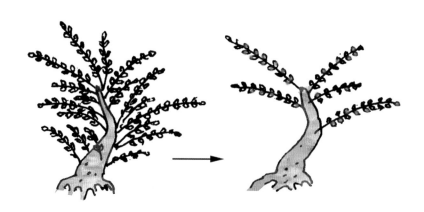

疏剪留托

短剪：将蓄养留托合乎比例的枝条大部分剪除，保留短枝，其目的是刺激短枝萌芽（迫芽），形成侧枝，以促成型。短剪时要考虑芽位角度，即下一枝节的伸延方向。

短剪迫芽长侧枝

精剪：根据造型意图，对枝条进行全面精细的修剪整形，做到一枝要波折、两枝讲长短、三枝应聚散、四枝求疏密，使之达到参差错落、虬曲回旋、疏密有致、自然苍劲的艺术效果。

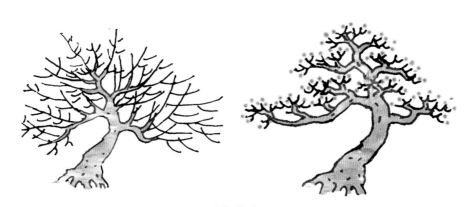

精剪成型

修剪中还要注意以下几个事项。

①桩坯未成活前不宜修剪，因为叶片的光合作用可促进生根（根叶同步生长）。

②若个别属控枝修剪（不平衡修剪），则应带叶片，以利树液的流动，不致引起缩枝，且枝节应留长些，待所留芽健壮后再补剪到位。

③对雀梅、朴树等易缩枝的树种不宜一次性截剪到位，应多留1~2个芽节，待其自然干缩或新枝节健壮后，再补剪到位。

多留节

控枝修剪应带叶片　　　　　　易缩枝的树种应多留节

④粗枝剪截应用白乳胶封涂创口，并加贴黑塑料膜，以免树液蒸发。

（2）蟠扎　蟠扎是传统的园艺技术，是树木造型的辅助手段。现在一般采用金属丝蟠扎，如铜丝、铝丝。扎前要修剪，以便操作。根据枝的粗细和造型需要，可分为一次性蟠扎和若干次蟠扎。

固定起点：金属丝要固定住以防止打滑、减弱弯曲力量而影响蟠扎效果。

缠绕方向：枝干欲向右弯曲时，金属丝要顺时针方向缠绕；欲向左弯曲时，金属丝要逆时针方向缠绕，其缠绕密度应灵活掌握。

缠绕顺序：先树干、后树枝，先下部枝条、后上部枝条，依次进行。

观察调整：对蟠扎的枝干进行远观近瞧，从整体出发，作局部调整矫形。

蟠扎中还要注意以下几点。

①对于较粗或已硬化的枝干，可借助手术，采用"开刀蟠扎法"。

②要适时解除蟠扎物，避免金属丝陷入木质部，影响美观。

③蟠扎时，要留意芽点，遇适宜造型的枝芽应绕道而行，不要伤了枝芽。

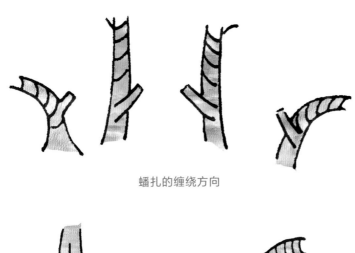

蟠扎的缠绕方向

开刀蟠扎法

（3）牵拉　牵拉即用金属丝将枝条或枝片拉往造型构架所需的位置并使其定位。牵拉解决了枝片或枝杈上下、左右方位的固定问题，常可作为以剪为主的制作方法的辅助手段。牵拉所用的金属丝要尽可能细，拉力够即可，太粗不便操作，也有碍美观。建议在金属丝缠扎处加垫柔软物，如车内胎片等，以防金属丝牵拉受力后陷入植物的木质部。

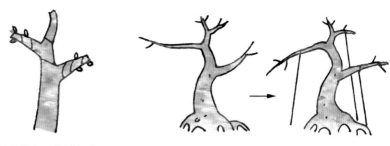

留意芽点，绕道蟠扎　　　　　　　牵拉固定法

（4）抹芽　抹芽指将萌发出来的不定芽、重生芽从枝干上除掉，以防任其生长消耗养料，影响通风，不利于所留枝托的健康生长。

抹芽时应留心下列几点问题。

①桩坯未成活前不宜抹芽，应任其生长，有利于光合作用，促发新根。

②对重生芽进行抹芽时，要注意留芽的角度，以便于日后植株的造型。

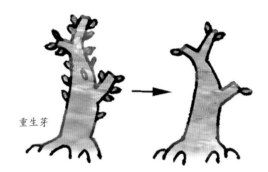

重生芽

抹芽时要注意留芽的角度

（5）摘心　用手或花剪除去枝顶端芽心，可控制枝条徒长，加快侧枝的生长。但对于蓄养期间的枝条不宜摘心，可任其疯长，以促进枝、干比例协调。

（6）摘叶　用手或花剪全部或部分地除去盆树的叶，这也是造型制作中一项重要的技术措施。

摘叶在树木盆景中有以下几点用处。

①经常性的摘叶，可促使树叶逐渐变小。

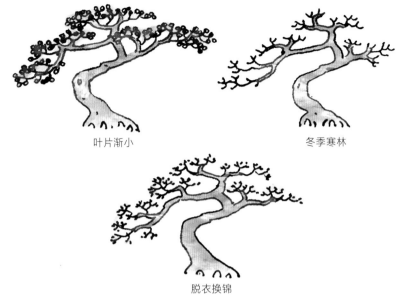

叶片渐小 　　　　冬季寒林

脱衣换锦

摘叶造型技法

②将密集的树叶适当摘除，可提高观赏价值，使虬曲苍劲的枝干时隐时现，增加美感；将树叶全部摘除，可观寒林，又可萌发新绿，脱衣换锦。

③全面修剪摘叶，可促进萌芽。摘叶时最好用花剪，能保护枝芽。

2. | 特殊技艺

特殊技艺主要指树木盆景在造型制作中除了上述必须掌握的常规技艺外，对树的枝、干、根某些局部的"先天性"缺陷进行弥补矫正或艺术加工，使之趋向完美，从而提高审美价值。

（1）隆干技法　主要是对凹陷、扁平、缩腰的树干进行弥补加工，以符合下粗上细、过渡自然、浑圆结实的一般形态要求。根据"缺陷"的不同程度可以采取不同的隆干方法。

敲击隆干法：适宜于小面积的扁平部位，敲击工具用木槌，敲击力度以不使树干表皮开裂又能挫伤形成层为佳，被挫伤的扁平部位日后将隆起并结疤，显得苍老浑圆。

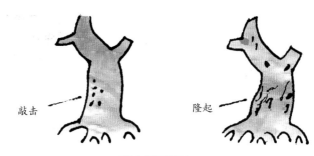

敲击   隆起

敲击隆干技法

开裂隆干法：适宜于小面积的凹陷。用"一"字螺丝刀或窄而薄的平凿从凹陷边缘的一端顺树木纹理走向，刺入木质部外层后挑起开裂，再用短竹签等塞入裂缝，尔后用黑塑料膜包扎，保湿，促其创口包皮愈合后解开即可。此法简单、易行、速效。

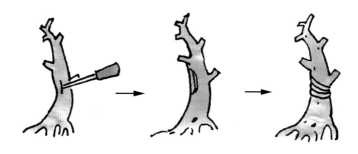

开裂隆干技法

堆塑隆干法：对于凹陷较深的部位，可用水泥沙调制堆塑。先用水泥砂浆填塞凹陷处，待砂浆凝固后，在其四周双线环切树皮，将切下的树皮剔除掉，用乳胶涂抹创口，并封上黑塑料膜，有利于四周切口皮层逐步向堆塑中心愈合。

     堆塑隆干技法

树木盆景制作全图解

堆塑方法一般只适用于皮层厚且愈合力强的树种，并应在植株健壮及生长旺盛期进行。

（2）补枝技法　采取靠接的方法弥补缺枝少托，步骤简单、易行、奏效，本体靠接（植株自身枝条靠接）或异体靠接（利用其他植株枝条靠接）均可，关键是要采取"丁"字靠接术。

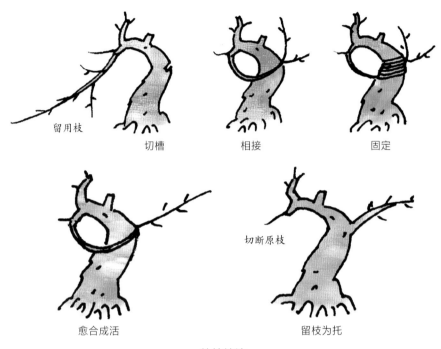

补枝技法

切槽：在需靠枝的主干部位用平凿或利刃切出与接穗同样大小的切口。

相接：将接穗嵌入切口，以"丁"字形留出侧枝，作为所留枝托。

固定：根据接穗的粗细程度，采用捆扎或钉钉均可。

保护：在靠接创口处涂封乳胶，谨防雨水渗入。

成活：待接穗与主干愈合生长后，切除接穗两端即可。

（3）补根技法　补根有多种方法，有嵌接补根、靠接留根等。在实际操作中还是采用靠接留根为佳，其方法简易，成功率高。

植：紧靠树桩缺根部位种植幼树。

刻：在缺根部位刻槽至木质部，其槽宽与幼树粗细吻合。

嵌：将幼树削去部分树皮对准形成层嵌入槽缝。

扎：用小钉固定或塑料带等扎牢。

截：待皮层完全愈合后剪截幼树干，留下根部。

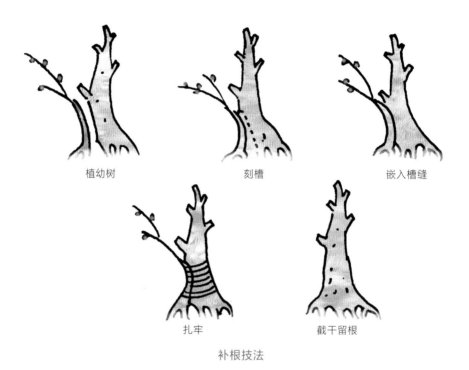

植幼树　　　　　　　　刻槽　　　　　　　　嵌入槽缝

扎牢　　　　　　　　截干留根

补根技法

（4）枯干技法（舍利干）　对一些形态较好或在养坯中出现缩枝且已死亡的个别枝干，弃之可惜，可采用枯干技法将其变废为宝。

截剪：用锯或剪刀将枯枝截至部分木质部，再往下折，呈欲断非断状。

撕裂：用手顺树木纹理往下撕裂。

除皮：将所留部分树皮切除。

加工：对上部平截口及背部作再加工，使之形成自然状。

涂抹：一年两次，一次数遍地涂抹石硫合剂，既可防腐，又可使枯枝的色泽自然，酷似天然枯干。

树木盆景
制作全图解

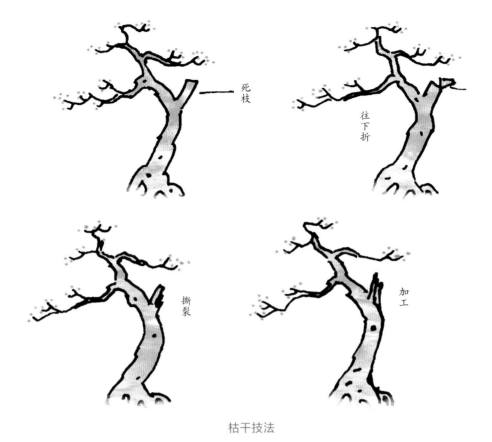

枯干技法

（5）疙瘩技法　树木的树枝、树干平滑，单调不够苍老时可用此法。

敲击：在树干平滑的部位用木槌不规则地敲击，以挫伤树皮与形成层，使之愈合后结疤。

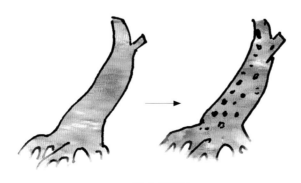

敲击疙瘩法

挖孔：对主干加工取舍后，用半圆凿挖出其木质部分，使之呈凹陷状孔，待创口愈合包皮后形成类似"马眼"疙瘩状。

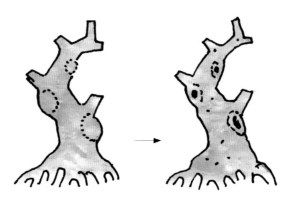

挖孔疙瘩技法

（6）洞穴技法　有的盆树外形僵硬、臃肿，这时可利用其内膛腐空人工雕凿洞穴来破平实、显虚灵。

形状确定：检查树木内膛腐空位置，根据外形与树干定势的特征，确定雕凿形状并划上记号。

凿除皮层：用圆凿沿确定的记号凿除皮层，形成洞穴。

乳胶封口：用乳胶涂封创口，加封黑塑料膜加以保护。

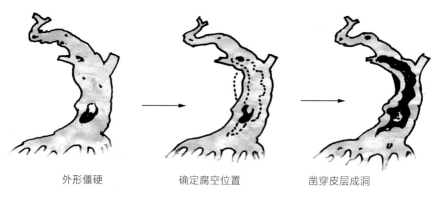

外形僵硬　　　　确定腐空位置　　　　凿穿皮层成洞

洞穴技法

第三章

主要形式造型实例

法一形万，有法无式。树木盆景造型不应该也不可能有固定的、一成不变的模式，但又不能不讲造型法则，二者如何统一，关键在于如何用法则指导实践，因材制宜、因势利导、注重特质、匠心独具。因此，即使前面已经介绍了树木盆景造型构思原则与制作技法，在此基础上，再就常见的树木盆景造型进行一一梳理，也难括全貌。因为，这里至少涉及两个方面的因素：一是受树种材料及其特性的客观制约，二是作者本身的审美意识及取向的差异。鉴于此，本章就倾向自然型的树木盆景形态特征、造型要点、配盆以及注意事项进行介绍。

一、 直干型

直干型有单干高耸式、单干矮壮式、单干健壮式、双干高耸式、双干健壮式、高耸丛林式和健壮丛林式等。

| 单干高耸式

（1）形态特征　主干呈垂直或微偏向上，树干上下粗细相近，过渡缓慢，高耸清秀，端庄典雅，枝简叶疏，大飘枝飘逸洒脱，盘根四射，树身巍然挺立，树梢直冲云霄。

单干高耸式盆景

（2）造型要点　大飘枝为重点枝托，左飘或右飘均可，枝托位置一般在主干由下往上的 1/3 以上处定托；飘枝下一般不出枝，或以点枝补空，使高飘枝有足够的空间悬空并斜飘而下。另一侧第一枝托出枝宜低于高飘枝，呈上扬状。其余枝托与高飘枝相谐，枝丫疏朗、参差错落、长短不一、平中求变，树冠一般以一枝结顶，呈散点冠。

（3）配盆　宜选浅椭圆或长方盆，以显树高。树置盆的 1/3 处，盆偏大飘枝的另一侧，使重心平衡。

（4）注意事项　枝托走向不宜采用夹角太小的自然上扬枝，否则树型难看，与绿化树相似。

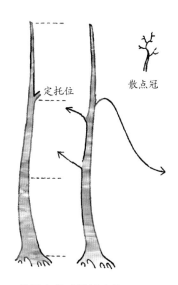

单干高耸式枝托定位

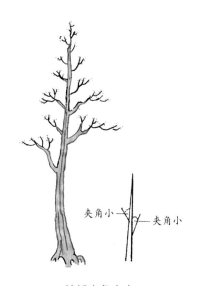

枝托夹角太小

2. ｜ 单干矮壮式

（1）形态特征　主干粗矮直立，收尖快速，呈圆锥形，枝粗节短、横展下垂、翠盖撑天、隆基硕大、根盘粗壮、四面展开、紧伏盆土，有大树风范、稳实雄浑、古木雄风。

单干矮壮式盆景

（2）造型要点　抑纵扬横，控制树高，强调横展扩张，第一枝托一般在主干左侧或右侧由下往上的 1/3 以下出枝；第二枝托在另一侧的 1/2 处定位，并加以强调；第三枝托开始配置前后侧枝及相关枝托。树冠丛枝结顶，取扇形冠，枝粗节短，密中有疏，疏中透气，可采用鸡爪枝造片。前后枝片小、短、疏，左右侧枝粗、长、密，枝片总体下宽上窄，下厚上薄，底托沉淀下垂，总体树廓基本呈等腰三角形，类似蘑菇状。

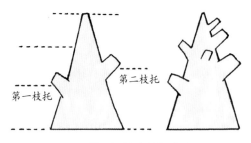

单干矮壮式枝托定位

树廓呈等腰三角形

【闽乡情】

榕树　80 厘米 ×120 厘米
作者：沈勇仁

（3）配盆　宜选浅长方盘或椭圆盘，树置盆中部或略偏一侧。

（4）注意事项　谨防呆板、树冠带"帽"、枝托纤细，且不要急于上盆，以利于枝托的蓄养。

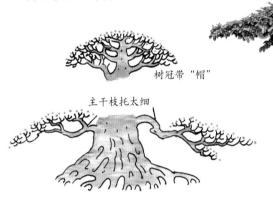

树冠带"帽"

主干枝托太细

谨防树形呆板

【浩然正气】

榆树　91厘米×143厘米
作者：林彦沛

3. ｜ 单干健壮式

（1）形态特征　介于高飘与矮壮式之间，为常见树态。根盘四射，如鹰爪伏地；主干隆基开始逐渐向上缩小收窄，伟岸挺拔，奋发向上，直指苍穹。

单干健壮式盆景

【起舞弄清影 何似在人间】

黑松　树高66厘米
作者：庄文其

（2）造型要点　底托（第一枝托）一般在主干由下往上的1/3处出枝，枝托粗壮，倾向横展略垂。尤其左飘枝舒展奔放，下垂悬空伸延，与主干形成上下拉力，同时破等腰三角形构图，下设一点枝，不仅弥补空缺，也求得变化。其他枝托环绕主干逐级而上，枝托长短相间错落，打破下宽上窄平铺直叙的一般手法。前后枝直接设置或采用风车枝以遮掩树干，使主干有藏有露、虚实相生，体现树分四枝。

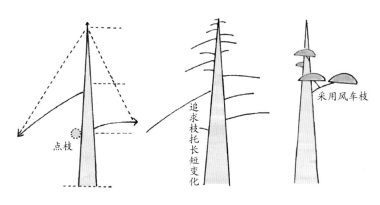

点枝

追求枝托长短变化

采用风车枝

单干健壮式枝托定位

（3）配盆　宜选浅长方盆或椭圆盆，树置盆侧，盆偏大飘枝的另一侧。

（4）注意事项　枝托相互间粗细长短应拉开距离，不然没有对比，树态就会显得呆板、僵硬。

枝托粗细长短太平均

【春回大地】

榕树　110 厘米 × 130 厘米
作者：林联兴

4. 双干高耸式

（1）**形态特征** 一头双干，直中微曲，大小悬殊，呈公孙树态，主树高耸入云，右侧主枝猛跌，俯向幼树，幼树傍依仰起，呈高低顾盼、老幼相携状。

（2）**造型要点** 主从呼应，顾盼相宜。跌飘枝在主干由下往上的2/3以上处高位起点，小树高度控制在主干的1/3以下；飘枝跌向小树，线条要自然流畅，富有动感；小树幼龄，树冠作仰状相盼，枝条稀疏，宛如展开双臂，切盼相拥，树梢外倾内扬、活泼生动。总体要注重跌飘枝的"俯"与小树树梢的"仰"，两树均为散点冠，枝丫疏朗，飘逸自然。

双干高耸式盆景

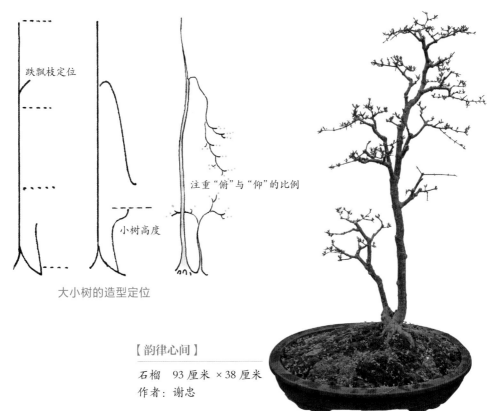

跌飘枝定位

小树高度

注重"俯"与"仰"的比例

大小树的造型定位

【韵律心间】

石榴　93厘米×38厘米
作者：谢忠

73

（3）配盆　宜选浅圆盆，盆置主树一侧，使跌飘枝与小树有足够的伸展空间。

（4）注意事项　枝丫无需密集，枝托不宜太低，不然将令人感到拥塞而失却高耸的韵味。

枝丫太密集拥塞

5. | 双干健壮式

（1）形态特征　一头双干，一高一低，一粗一细，主从分明，主干高大，副干矮小，两干始分于隆基部，副干略前，主干偏后，树态挺拔，盘根如爪，刚劲有力。

（2）造型要点　两树高度比大约为3：2，粗度比3：1，要适当控制收尾；两树一体，把握向背，相互避让，整体上两干合而为一，注重强调两干外侧枝，留心两干内侧枝，突出主树右飘枝。枝法自然简括，层次分明，苍劲挺秀。

双干健壮式盆景

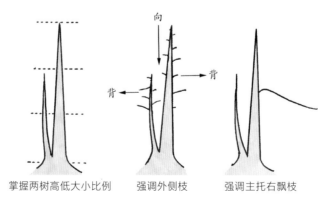

掌握两树高低大小比例　　强调外侧枝　　强调主托右飘枝

双干两树造型要点

（3）配盆　宜选浅长方盆，盆偏置小树一侧为佳。

（4）注意事项　防止两树各自为政，互不相让，影响整体造型。

两树互不相让，影响整体造型

6. | 高耸丛林式

（1）形态特征　单干组合，三五成丛，主树高耸入云，从树高低相随，呈景阔林深、扶疏挺秀、欣欣向荣的景致。

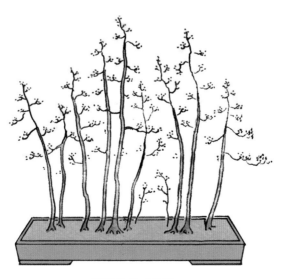

高耸丛林式盆景

（2）造型要点　大片树丛与小片树丛分设盆的两侧，先将主树置于盆的中间偏左侧，再将次树植于盆的右侧，其他大小从树按构思要求穿插植于主、次树的周边，而后根据构图辅以配树。造型中要讲求经营位置、合理布局，注重树的大小穿插间距，高低错落。一般大树在前，小树置后，从整体上均应偏向盆的后侧，即正观赏面要多留盆面空间，给人视觉上的空旷感，增加景深效果。在枝的设置上，一般不留前后枝，树干藏与露主要由左、右枝相互穿插略为遮掩即可，同时要抑横扬纵，枝托疏简细短，以突出纵向树丛，体现疏林挺秀的风格。

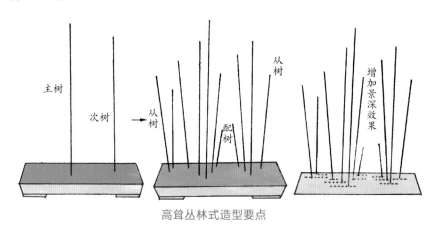

主树　次树　从树　配树　增加景深效果

高耸丛林式造型要点

（3）配盆　用浅长方盆定植为佳。

（4）注意事项　各树之间大小高低的间隔要避免平齐，树冠不得互相遮掩、纠缠，使结顶不明确。

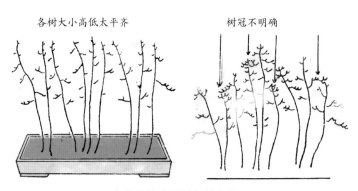

各树大小高低太平齐　树冠不明确

高耸丛林式要避免的失误

树木盆景制作全图解

76

7. | 健壮丛林式

（1）形态特征　单树组合，表现山野丛林景观；高低错落，大小相间，树相挺拔，携手共荣，一片茫茫林海景象。

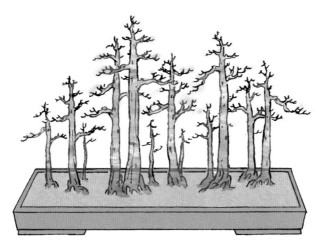

健壮丛林式盆景

（2）造型要点　上盆组合顺序与高耸丛林式相似。注重植株粗细相间、高低配置，讲究间距、远近透视，枝托平展、虚实有致，纵干略强、横枝微弱，前后树枝片相互穿插遮掩；外廓大约呈两个三角形，组合成高低峰状，如同山形，气势恢宏壮阔。

（3）配盆　宜选浅长方盆，布局总体偏向盆的后侧，前面空阔、后面紧密。

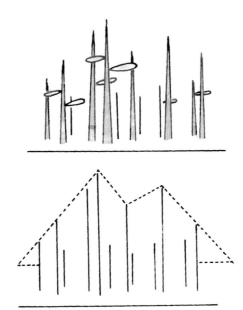

外廓呈两个三角形

健壮丛林式造型特点

（4）注意事项　枝托不宜太低，一是会遮挡小树，二是冲淡了"挺拔"的效果。上盆定植时，最好选择同种树组合，树性相同，便于管理；不同树种也可组合，但需协调好。

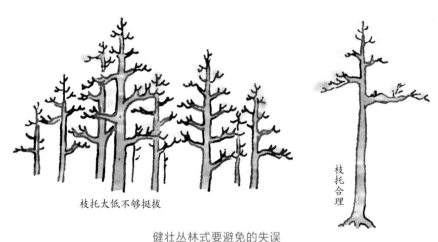

枝托太低不够挺拔

枝托合理

健壮丛林式要避免的失误

二、斜干型

斜干型有折斜式、横斜式、直斜式和斜干丛林式。

1. | 折斜式

（1）形态特征　根盘四面展开，主干下部直立，至一定高度时向左或右斜行，静中有动、动静互辅、以平求变，树冠有回转之意。

（2）造型要点　在斜出主干段外侧设置下跌横斜临水枝，大幅度猛跌下垂，枝梢扬起，临风飘拂；另一侧阳面向上斜出短枝，一左一右两托形成上下、长短对比；其余枝托互生配置，互相协调，讲求疏密，留空布白，顶梢自然向上微偏回首。

（3）配盆　宜用中盆定植，树置盆侧，盆偏向临水枝的反侧，使临水枝有凌空感。

【真龙梦影】

朴附石　飘长 98 厘米
作者：庄文其

折斜式盆景

重点枝要强调　　阳面向上斜出短枝　　互生配置协调　　留空布白

空间

折斜式造型特点

（4）注意事项　临水枝为全树重点，枝托应着重蓄养，达到一定比例，才能枝繁叶茂，大幅度地下垂，主干曲位阴面不宜布托，以免产生拥塞感。

主干曲位阴面不宜布托

79

2. | 横斜式

（1）形态特征　主干横斜，从隆基部开始倾斜，根基一般呈反向延伸，全树重心外移，横空出世，树态生动，飘逸奔放。

横斜式盆景

【树峰无语立斜阳】

榆梅　72厘米×108厘米
作者：陈诗佐

（2）造型要点　第一枝托约在主干的中部处右出，左跌枝在主干由下往上的2/3处定位；右枝走向上扬平展，左枝跌宕下垂；尾梢扬起，跌飘枝下设点枝补空，同时辅以其他枝托，树冠微回与侧根呼应，枝托长短相互穿插，以破平板。

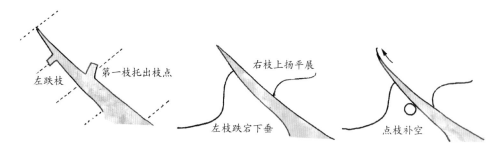

左跌枝　第一枝托出枝点

右枝上扬平展

左枝跌宕下垂

点枝补空

（3）配盆　宜选用中圆盆或长方盆，树置盆侧，盆偏向拖根一侧。

（4）注意事项　左侧枝不宜直接上扬，应欲上先下，不然有违常理，亦缺乏力度。

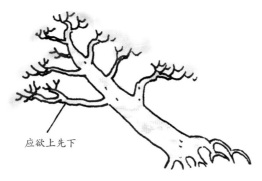

应欲上先下

左侧枝不宜直接上扬

3.　┃ 直斜式

（1）形态特征　主干下段似折斜式，但上段高耸斜行，枝托简约，疏影横斜，枝片侧行，无拘无束，不落窠臼，树态孤高飘逸、超凡脱俗，蕴含叛逆精神，系属"文人树"范畴。

（2）造型要点　以简见长，以线为首，以秀为格，以清为韵。疏影横斜三两枝，一枝一叶总关情，以少胜多，枝枝精到。主干左侧高位设置主托；树冠及次托随主托侧行，飘忽而下；枝片长短错落，点片结合。线造型在此得到淋漓尽致的展示，个性色彩突出，看似不经意，实则见功底。

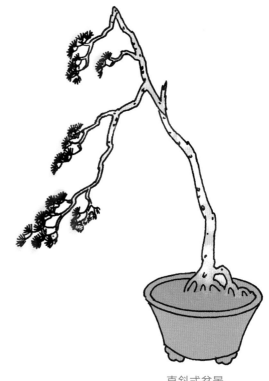

直斜式盆景

（3）配盆　宜选中圆盆，树置盆侧，盆偏向主干斜向的另一侧。

（4）注意事项　避免繁枝赘杈，而淡化了"清"韵，失却了"文人树"飘逸、孤高及简约的格调。

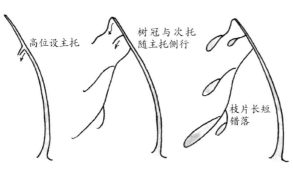

直斜式造型特点　　　　　　　　繁枝赘杈太多

4. 斜干丛林式

（1）形态特征　根基连片，树干丛生，整体向一侧倾斜，高低穿插，大小相间，前后呼应，群树轻盈飘逸、舒展自然、生动活泼，富于动感，微风掠过，摇曳婆娑。

斜干丛林式盆景

【密林】

榕树　78 厘米 ×150 厘米
作者：陈国世

（2）造型要点　强调倾斜之势，主干领衔，副干随后，从干随势相拥，贵在呼应；枝丫疏朗、层次分明，右枝横展，略为飘斜，右倾枝干明显，以增树势；树梢扬起；左侧小树横枝逆向延伸，使之与右倾树干形成对抗拉力，取得平衡作用，使树态显得大气、美观。

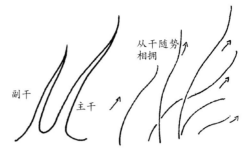

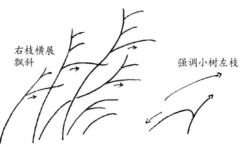

斜干丛林式造型特点

要除尽隆基周边多余的枝芽

（3）配盆　宜选浅长方盆定植，树置盆的一侧，偏植于斜向的反侧。

（4）注意事项　隆基周边多余的枝芽务必除尽，以保持简洁，避免杂乱。

 直斜干型

直斜干型有矮壮双干直斜式、高飘双干直斜式和健壮双干直斜式之分。

（1）形态特征　主干直立，副干斜行，大小悬殊，同根连理，两干分野始于隆基，形成锐角，主干收尖迅急，副干收尾偏缓，根盘发达，伏于盆面，枝托粗壮，枝杈粗短遒劲，底托下垂，横向扩张，枝繁叶茂，翠盖如云，树影婆娑，古榕风貌。

矮壮双干直斜式盆景

（2）造型要点　粗矮当头，控制树高，横展为行，两树合一。主干第一托一般在由下往上的1/3处设定，副干向右斜行，以干代枝；主干底托要把握大幅度弯曲伸延及下垂的角度，副干斜行顺势延展，两厢如同摊手枝；两干之间枝托疏简，避让有度，前后托相应设置，枝托略下垂，使之置于视平线以下，与左右侧枝相谐，构成立体树相；丛枝结顶，扇形冠，外廓呈三角形，枝托总体横幅大幅度超过树高。树相粗犷、雄浑、苍劲。

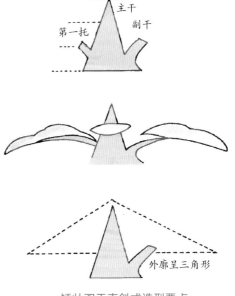

矮壮双干直斜式造型要点

（3）配盆　宜选浅椭圆盆，树置盆中略偏。

（4）注意事项　枝托若垂幅不足或细短，令人感觉舒展不足，委缩有余。

枝托细短，垂幅不足

2 ｜ 高飘双干直斜式

（1）形态特征　一头双干，主干直中微曲，飘摇耸立，主枝俯状，有照顾之势；副干细小，先依偎主干生长，而后斜行扬起作仰状，有特立独行又难舍难分之态，清疏细巧，似顾盼生情的母子树。

（2）造型要点　主副两干，一高一低，一大一小；主托从主干左侧高位出枝；小树主干先直后斜，外展飘拂，顶梢后仰相迎，外形呈S状；主树主枝左出，急转右下，俯向小树，似母子之情油然而生。两树单枝结顶，散点树冠，树态轻盈，颇具画意，枝条虬曲疏朗。

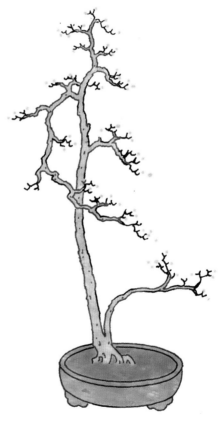

高飘双干直斜式盆景

（3）配盆　宜选浅圆盆，树置盆的一边，盆偏向主树一侧。

（4）注意事项　枝杈不宜繁密，不然将削弱"飘"的意味，与高飘枝不相协调。

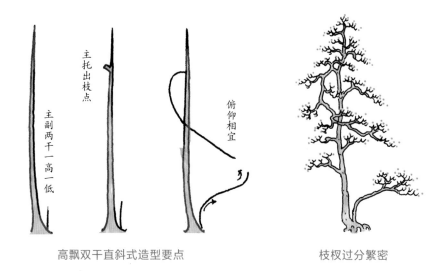

高飘双干直斜式造型要点　　　　　枝杈过分繁密

3. │ 健壮双干直斜式

（1）形态特征　直斜双干，主干斜倾，副干直立，连理同根，展开伏盆，比矮壮式挺拔，较高耸式雄壮。两干粗细高低较接近，枝干健壮，树态丰满，虽未比翼双飞，却有共荣之意，系属夫妻、兄弟树态。

健壮双干直斜式盆景

（2）造型要点　两树合一，约为树高的1/2处枝布局，张扬两树外侧底托，强调两托垂枝，加重直干外侧底托分量，使两树外廓呈三角形；两树间短枝穿插，相互避让，参差错落，两树结顶顾盼呼应，枝杈片状大小错落有致，树相古朴繁茂。

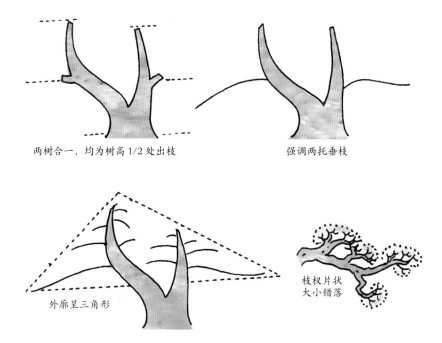

两树合一，均为树高1/2处出枝　　　　　强调两托垂枝

外廓呈三角形　　　　　枝杈片状大小错落

健壮双干直斜式造型要点

（3）配盆　宜用浅椭圆或长方盆，盆略偏副干一侧，使主干的倾斜有足够的伸延空间。

（4）注意事项　枝片切勿平齐呆板、厚薄同一、大小一样，而忽略外廓的弯曲起伏，应谨防树相僵硬、平板。

过分平齐，缺少变化

四、 曲干型

曲干型有直曲式、斜曲式、回旋式、双曲式和曲干丛林式。

1. | 直曲式

（1）形态特征　悬根露爪，主干直立始于基座，左右盘旋，呈"S"形蜿蜒而上，宛若游龙，升腾而起，树身曲折有度，苍劲嶙峋，昂首苍穹，线条优美，树相古朴。

直曲式盆景

【岳崎】

黑松　76 厘米 × 117 厘米
作者：陈诗佐

（2）造型要点　主干左、右侧枝托在由下往上的 2/3 以上高位出枝；右侧主枝大幅度猛跌，虬曲回旋，高飘而下，与主干曲度相谐，为全树之重，与左侧底托一长一短、一上一下拉开距离，形成对比；左侧第二托下跌，与底托相谐；枝托简约虬曲，可用鸡爪枝，萧疏苍劲、铁画银钩与曲干对应，体现曲线主旋律，表露主干曲线美，并且不以枝片遮掩为佳或少许遮掩，给人以仙风道骨、清雅脱俗的感觉。

（3）配盆　宜用中圆盆，树置盆的一侧，盆偏向飘枝的反侧。

（4）注意事项　跌飘枝应欲下先上，若直落而下，与主干夹角太小，没有力度，且形态也欠美观。

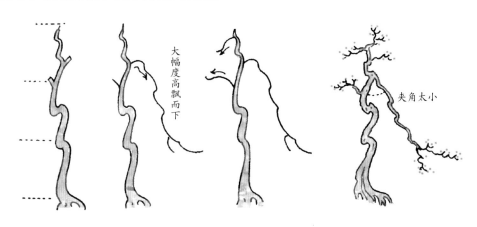

大幅度高飘而下

夹角太小

直曲式造型要点　　　　　　　　　　跌飘枝没有力度

2. ｜ 斜曲式

（1）形态特征　主干从基部起斜行，呈"S"形逐级而上，树身苍劲嶙峋，线条流畅，富有生机，枝疏叶简，虬曲回旋，如苍龙腾云驾雾云游天外。

斜曲式盆景

【乡情】

朴树　62厘米×64厘米
作者：陈奎正

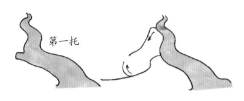

（2）造型要点　以曲为美，以虬为行，主干左侧底托从阳面曲折处出枝，着重于该垂幅临水枝的塑造，以强调树势；左侧第二托跌宕与底托枝梢相接，以求变化，形成封闭式空间，区别于右侧枝托走向及其开放式空间；枝条肥润饱满，粗短虬曲，与曲干协调统一。本造型采用蓄枝截干与蟠扎相结合，逐级修剪，剔除多余枝杈，枝托主次脉简洁明了，枝梢、树冠上扬，枝片外廓呈斜三角形。

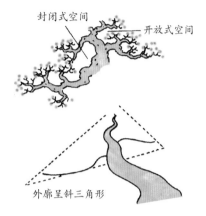

斜曲式造型要点

（3）配盆　宜用中圆盆，树置盆的一侧，盆偏主干斜向的反侧。

（4）注意事项　枝托不宜细长、僵直，防止树冠臃肿"戴帽"。

枝托细长僵直单调

【古舸争流】

雀梅　飘长58厘米
作者：陈劲东

树木盆景制作全图解

3. | 回旋式

（1）**形态特征**　主干下段类似横斜式，侧（拖）根右延、主干左斜至中段，旋即急转，曲扭右行，再扬冠回首，左冲右突，宛如蛟龙腾空。

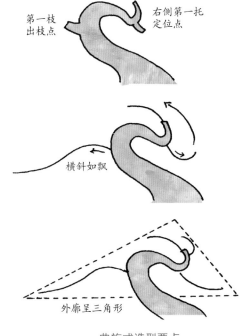

【腾云】

朴树　90 厘米 ×136 厘米
作者：魏积泉

回旋式盆景

（2）**造型要点**　主干左斜第一枝从回旋处阳面出枝，右侧第一托在主干上段由下往上曲转的回旋处定位；左侧枝横斜如飘，右侧短枝下悬扬梢，与树冠随干回首趋向右行，形成旋转气势，动感强烈；枝杈长短互补，枝片虽不茂密，却呈老干新姿、蓄势待发、昂首云天之势，外廓呈三角形。

第一枝出枝点　　右侧第一托定位点

横斜如飘

外廓呈三角形

曲旋式造型要点

（3）配盆　宜用浅椭圆盆，树置盆侧，盆偏向拖根外侧。

（4）注意事项　主干应纹理清晰、树气流畅，无需太多遮挡，左侧飘枝不宜置于主干正转折处，使主干右转伸延没有错落，形态别扭。

左侧飘枝太高

【亦风流】

仙人掌　树高70厘米
作者：黄明山

4.｜双曲式

（1）形态特征　双干连理，主干左行直曲，徐徐升腾；副干右趋斜曲，随主干盘旋而上，高低大小悬殊，线条流畅动感，富有节奏，似龙蛇共舞，曲尽其态。

【同根共荣】

雀梅　61厘米×62厘米
作者：陈劲东

双曲式盆景

（2）造型要点　以曲线旋律贯穿全树，确定底托，主干第一托在弯曲阳面定托；接着凌空横展，似长臂挥舞，与右侧小树相平衡；主干第二弯向右出枝猛跌，树梢扬起，与小树几乎相接；小树后仰，右侧阳面高位出枝呈伸延舒展状，带相拥之态，与主树跌枝俯仰顾盼，此为全树造型的重中之重，使两树看似各自西东，却又心首相连，载歌共舞；其余枝托长短穿插，虚实相宜。

双曲式造型要点

（3）配盆　宜选浅长方盆，盆偏小树一侧。

（4）注意事项　主干俯枝与小树相接，但不可纠缠亦不可平出未俯，令小树显得清冷孤单、韵味索然，应各有"领地"，形断意连，即做到意连而非形接。

【舞狂】

榆树　123厘米×213厘米
作者：谢忠

两树俯仰不到位

93

（1）形态特征　基座凹凸不平，百孔千疮，一头多干，高细低粗，右盘左曲，集直曲、斜曲等各曲式于一体，野趣盎然，似虬龙共舞，各尽其态。

曲干丛林式盆景

【春之舞】

雀梅　60厘米×100厘米
作者：郑阿唐

（2）造型要点　以主树为中心，从干相拥，讲究布局，主次分明；单树有形，仰偃自如，直曲与斜曲均有形态，集合且能和谐共处，同台共舞，相映成趣。制作时，要留心左侧从树的仰状，右小树临水；枝条虬曲直斜有度，走势自如，鸡爪鹿角，灵活择用，枝片参差错落，争让相宜，杂而不乱。修剪时，要从整体观察、局部实施，不能只顾其一，不重全局。

（3）配盆　宜选浅长方盆，树置盆的左侧，体现小树临水及群树伸延的空间状态。

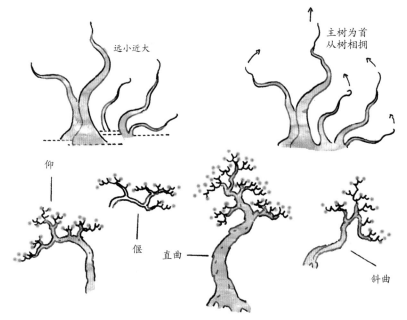

曲干丛林式造型要点

（4）注意事项　防止争让无
度、相互纠缠，使枝与冠、枝与
枝混淆，形态不清。

相互纠缠、形态不清

五、　卧干型

卧干型有横卧式和曲卧式。

1. | 横卧式

（1）形态特征　主干右行或左
行，下半部横躺侧卧，上半部仰起弯
曲向上伸延，树梢回转内扬，线条简
洁明快，如行云流水，柔中带刚，气
势蕴涵于"卧扬"之中。

横卧式盆景

（2）造型要点 底托宜右出，定位于主干横卧旋转上扬处，即树高的中部处；第二托在主干左侧偏高处定位；左侧斜飘枝为全树之重，与主干右行横卧形成回旋拉力，增强对抗力度，同时又与右侧底托短枝形成长短的对比；其余枝托阴阳向背，顺势布托，枝节粗短，采用鸡爪枝，外廓凹凸起伏，曲线变化，树冠略回，总体走向有去有回。

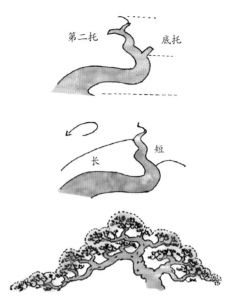

横卧式造型要点

（3）配盆 宜用中长方盆或椭圆盆，树置盆的左侧。

（4）注意事项 枝丫及枝托与干的夹角不宜太小；左侧的底托要加以强调，才能保持"卧"干内蕴的张力。

左侧底托太短

2. 曲卧式

（1）形态特征 主干欲上先下，斜立回旋急转落地，与根基相携形成另一个支点，再大幅度回旋，呈横"S"状，曲线流畅，节奏感强，富有韵律，似蛟龙出海，遨游云天。

曲卧式盆景

【暗香】

梅　80 厘米 × 100 厘米
作者：林胜善

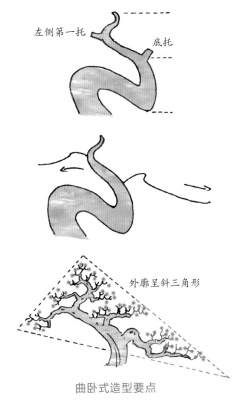

左侧第一托　底托

外廓呈斜三角形

曲卧式造型要点

（2）造型要点　主干右侧底托至关重要，在主干第二弯上 1/2 处定位；左侧第一托在主干第三弯曲处出枝；右侧底托跌宕横展，左侧短枝略垂，与主干上部螺旋式上升形成上下抗力，以力增势；枝脉左右回旋，枝梢曲折旋转，枝托长短相间，树廓整体呈斜三角形，主干略为遮挡即可，以最大限度地体现主干的曲线美。

（3）配盆　宜用浅、中椭圆盆或长方盆，树置盆的左侧。

（4）注意事项　勿使主干左、右侧底托长短相同，不然将使树形呆板；主干第一弯曲处不宜设枝托，以免拥塞，并有阻塞主干曲线流畅之嫌。

主干左右托不宜等长

　六、　**悬崖型**

悬崖型有全悬式、半悬式和半悬飞旋式等。

1 | **全悬式**

（1）形态特征　悬根露爪，咬住盘泥，躯干嶙峋，主干欲下先上，隆基开始第一段向左斜立，随之急转猛跌，盘曲而下，伸缩回旋，蜿蜒飘垂，似蛟龙入海、卷潮揽胜。

全悬式盆景

（2）造型要点　第一托（顶托）设置在主干第一节急转向下的部位，并顺主干伸延方向倾斜而后回首，与主干下悬形成抗力，重心回旋，平衡视觉；其余枝托顺主干弯曲阳面布托，主干内侧数枝点缀，起到变化、遮挡、穿插的作用，使主干藏露得体、虚实相宜；枝丫虬曲苍劲、互生错落、蓄枝截干、分段收尖、弯曲有度，尾梢扬起。

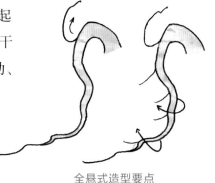

全悬式造型要点

【绿云飘渡】

榆树　飘长 56 厘米
作者：陈劲东

（3）配盆　配高盆（签筒盆），树偏置于盆侧。

（4）注意事项　顶托不宜设在主干第一段弯曲处，以免与下悬的主干形成直线，有失美观；也不宜直接竖起后倾，以免使总体走势不协调，也有违悬崖造型的原理；另外，无论主干如何下悬弯曲，尾梢必须扬起，否则会给人以一蹶不振的感觉，同时也有违植物的向阳性。

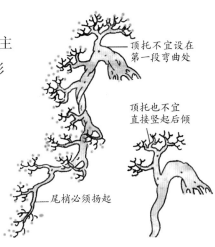

顶托不宜设在第一段弯曲处

顶托也不宜直接竖起后倾

尾梢必须扬起

全悬式造型要避免的毛病

2. | 半悬式

（1）形态特征　形态虬曲、苍劲得势、悬根露爪，主干从隆基始欲下先上，倾斜横行，急落至盆中部，右转前行扬起，层层递进，宛如银河飞瀑，冲出云崖、一泻千里。

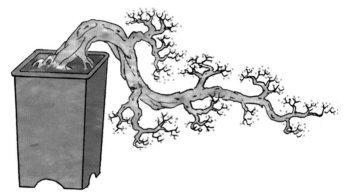

半悬式盆景

（2）造型要点　第一托（顶托）在主干下跌段的前方布设回旋；第二托在主干下落欲扬的横冲段定位并顺主干向前张扬；其余枝托依次安排在主干左右侧；枝托尽管下跌，尾梢仍然上扬，与顶托呼应，使之"险而不危"；枝托粗壮，虬曲苍劲，总体上趋，颇具动感，枝繁而不杂，错落有致。

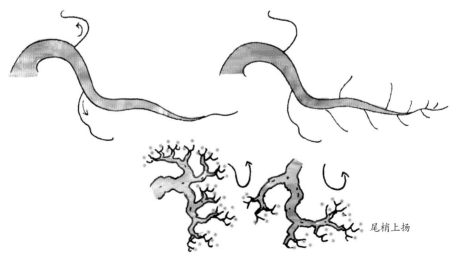

尾梢上扬

半悬式造型要点

（3）配盆　宜用高盆定植，树置盆的一侧。

（4）注意事项　不影响植株生存但影响形态美观的弓形根应尽可能剪除，使根盘更加简洁、紧凑，根爪伏盆，更有咬住山岩的险峻之感。

根盘形态不美观

3. │ 半悬飞旋式

（1）形态特征　根爪右行紧咬盆土，主干左盘右旋，大幅度斜伸盆外，急落旋转，顺势向右伸延飞起，枝片伸展飞扬，形如蛟龙，有翻江倒海之势。

半悬飞旋式盆景

【蛟龙探海】

中华蚊母　飘长 126 厘米
作者：林汝恭

（2）造型要点　顶托为重，在主干第一曲节处顺势斜出，回旋右行扬起，大幅度伸延飘展；第二托在主干向下跌落曲转之间向左伸出；第三托在主干回旋转折处向左再度斜飘扬起；第四托可采用风车枝横穿主干，增加立体感，使主干有藏有露；其余枝托相应布设，长短相间，疏密相宜；尾梢扬起，欲向苍穹，枝片总体上扬飘展。

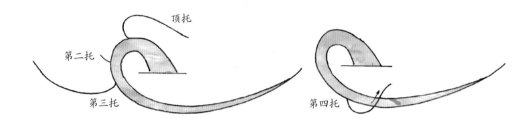

半悬飞旋式造型要点

（3）配盆　宜用口宽底窄的高圆盆，树（主干倾斜的一侧）置盆侧。

（4）注意事项　枝托不宜过分粗短、密集，以免使树形苍劲有余、舒展不足，没了"旋飞"之态。

枝托不宜过分粗短

七、　临水型

临水型有单干临水式和双干临水式两种。

1. | 单干临水式

（1）形态特征　主干沿盆面伸延，悬根露爪，反向伸延，树态清闲，临水横斜，欲倒不倒，摇曳多姿，颇富情调。

单干临水式盆景

（2）造型要点　侧根暴露，与主干反侧走势，深扎盆土，才能使树的重心倾向一侧，"临"而不"卧"。培植及上盆时，要理顺根系走向，体现"拖"的效果；树身盘曲柔顺、过渡自然、蜿蜒飘垂，枝托顺势布设、先疏后密，枝梢及其下侧枝尽管飘拂水面，尾梢仍应倾向上扬。

单干临水式造型要点

（3）配盆　宜配中圆盆，盆置树的拖根一侧。

（4）注意事项　侧根过于曲折不能体现"拖"的效果；临水树以飘见长，枝托过于粗短，无法表现舒展飘逸之态。

暴露的侧根过于曲折

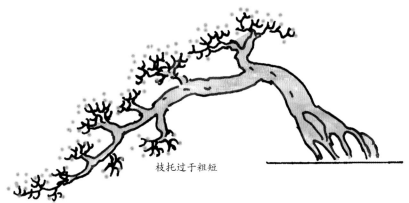

枝托过于粗短

单干临水式造型须避免的毛病

2. │ 双干临水式

（1）形态特征　一头双干，两树同行，主树外倾置下飘长，从树内移复上偏短，横斜取势，两相呼应，摇曳婆娑，洒脱自然，妙趣横生。

双干临水式盆景

（2）造型要点　主树干贴盆面而过，横飘水面，底托临水飘拂；从干随行，底托后倾微扬；两树合一，枝片相互穿插、避让；主树侧枝尾梢斜出遮掩从树，虚实互补，穿插变化，以求立体，丰富层次；枝托飘拂舒朗，整体趋势从随主便，主呼从应。

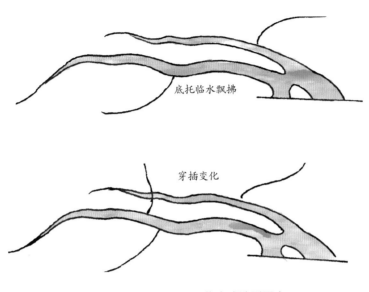

双干临水式造型要点

（3）配盆　宜配中圆盆，盆置树的拖根一侧。

（4）注意事项　两干走势不宜拉开，否则形成"丫"干，不仅欠美观，亦有失呼应。

两干走势拉开，形成"丫"干

八 倒挂型

倒挂型有单干倒挂式和双干倒挂式等。

单干倒挂式盆景

（2）造型要点　简洁、疏朗，主枝底托夸张强调，在主干下垂回旋处的外侧上扬，而后随主干尾梢向上伸展，似比翼双飞；枝托主、次脉及横角间关系清晰、明确、严谨，主脉长短交错、伸缩回旋，走势外展上扬，与树冠相谐，含蓄生动，野趣盎然。虽树身置下，却有后来居上之态。

1. 单干倒挂式

（1）形态特征　根爪深扎盆土，主干形如挂钩，呈倒"S"形，斜行急转直落至盆中部，突起回旋、升腾，树冠内扬，盖过盆面，超越树身，走势奇特，意料之外，又在情理之中。

底托

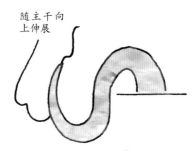

随主干向上伸展

横角
次脉
主脉

单干倒挂式造型要点

树木盆景制作全图解

（3）配盆　宜配高方盆或高圆盆，树置盆侧，盆偏向主干倒挂侧。

（4）注意事项　不宜采用跌枝，否则不相协调，影响树势，失去"挂"的意味。

【沧桑】

博兰　100 厘米 × 120 厘米
作者：魏积泉

不宜采用跌枝

2. ｜ 双干倒挂式

（1）形态特征　一本两干，同根共荣，从隆基始成锐角分野，大小粗细相差无几，曲度相近，走势相同，一上一下，一前一后，似一对小虬龙你追我逐、翻滚嬉戏、畅游云天。

双干倒挂式盆景

（2）造型要点　整体观察，变化统一，前干上端穿插错落，以破两干平行呆板；前干上端右侧出枝，先下后扬，趋向树冠；后干删略前枝，以便前树补空；前树不设后枝，又以后干枝片补缺，两干互补，繁而不乱，疏而不空，密而不挤，错落结顶，各有树冠。

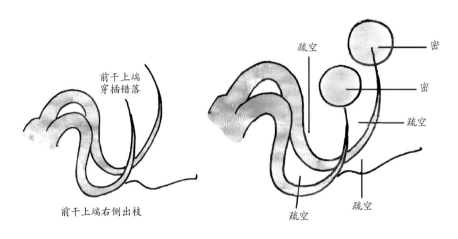

双干倒挂式造型要点

（3）配盆　宜配高方盆或高圆盆，树置盆侧，盆偏向干侧。

（4）注意事项　两干曲线流畅美观，无需太多遮掩，散冠结顶，谨防"戴帽"，两冠平齐。否则，一来头重脚轻，失去平衡；二来拥挤堵塞，缺少空灵感。

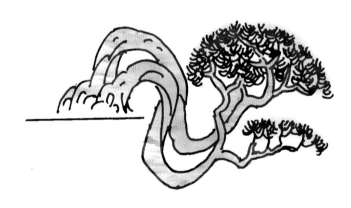

树冠戴帽，头重脚轻

九、 水旱型

水旱型有半水旱式和全水旱式。

1. 半水旱式

（1）形态特征 以视觉效果而言，半水旱式属近树造型，不设远景，相当程度上带有树桩盆景意味。在构图经营位置上，参照水旱盆景式布局，以临水树配置特浅椭圆盆或长方盆，辅以山石坡脚，配件点缀，比一般树桩盆景的视野更为开阔，增强了景观感。

半水旱式盆景

（2）造型要点 主干右侧大飘枝为全树之重，是半水旱式盆景的前提。大飘枝于主干由下往上的2/5处定位；与左侧尾梢跌枝形成长短对比；左侧下设点枝补空缺，富于变化；临水枝横斜飘拂于池塘一角，池塘边水岸线设成弯曲状，渔翁垂钓的位置、池边石块的点缀、青苔的铺设均应恰到好处，方能表现出葱翠静谧的郊野景象。

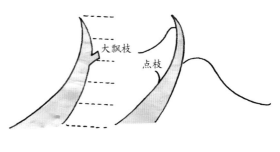

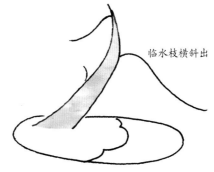

半水旱式造型要点

（3）配盆　宜配特浅长方盆或浅椭圆盆，树置盆中斜干的反侧。

（4）注意事项　要注重斜干临水枝的造型，切忌池边水岸线平直或临水枝不到位，使盆景韵味锐减。

水岸线平直

临水枝不到位

【溪梦源】

福建茶　110 厘米 × 150 厘米
作者：黄明山

2. ｜ 全水旱式

（1）形态特征　丛树云集、分组而设，临风摇曳；坡脚岸边，苔藓草色；大小山石，侧仰倚卧，相互点缀，自然分布；水面清澈，水线萦纡，一派湖光山色尽收眼底。

全水旱式盆景

（2）造型要点　首先必须根据构思创意挑选树木及山石进行加工；按此，经营位置用水泥调胶堆砌山石，填土置树，"攒三聚五"，摆设树木。注重树的大小粗细、高低间距，以及近、中、远的透视关系，树木总体趋向于水面；枝片左右呼应、前后顾盼；坡脚岸边，水线弯曲变化；小石块点缀水面，以破大片空白，获取林深、水远、景阔，充满诗情画意的艺术效果。

（3）配盆　宜配椭圆盆或长方水旱盆。

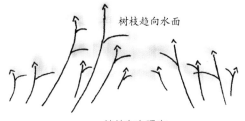

树枝趋向水面

枝片左右呼应

小石块点缀水面

全水旱式造型要点

（4）注意事项　水旱盆景最具诗情画意，其造型功底涵蕴于整体审美意象之中，而非简单的拼凑、排列和组合，尤其是盆面空间的大小、水线的旋绕弯曲至为讲究，如处理不好，不仅谈不上景观，更无意韵可言了。

水线太平直，水上空间太小

十、假山丛林型

假山丛林型有峰岭丛林式、丘陵丛林式和峭壁丛林式等。

1 ┃ 峰岭丛林式

（1）形态特征　底座块状，根至座下，不显盆面，凹凸瘤疤，凹如山谷，凸如山峰，重峦叠嶂，峰岭树列，树中有树，层林竞起，气势非凡。

峰岭丛林式盆景

【气贯云天】

榆树　68厘米×73厘米
作者：刘景生

（2）造型要点　　总体上要树小山大，中远景造型，采用中国画高远透视原理与盆景自身特点相结合的方法设置树木。树一般置峰岭凸起处，该范围的树为全景的聚焦点，其余依此类推，大小高低穿插布设，树相挺立，枝片平展，纵向为主，横向为辅，无需过分强调枝托粗壮。整体观看，峰峦连绵起伏，层林高低错落，气势壮观。

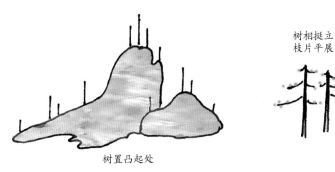

树相挺立
枝片平展

树置凸起处

峰岭丛林式造型要点

（3）配盆　　宜配浅长方盆或浅椭圆盆，也可置水旱盆中，树置盆中，总体后移，再根据"山"势，于左侧或右侧定位。

（4）注意事项　　树不宜过于高大，树大山小，难显山之高耸，若桩坯原干过于粗大，宁可忍痛割爱，重新培植小树，以求整体效果，山巅之树意象。

【华岳春晓】

榆树　　树高98厘米
作者：黄翔

树大山小比例失调

2. | 丘陵丛林式

（1）形态特征　树中有树，底座块状，布满疙瘩洞孔，平缓起伏，形似丘陵地貌，视野开阔，丛树挺立，攒三聚五，遥相呼应，似林海茫茫，一派生机。

丘陵丛林式盆景

【同一片阳光下】

榆树　71 厘米 ×120 厘米
作者：黄翔

（2）造型要点　统揽全局，精心安排，中远景造型，除把握一般丛林特点外，还要留心"地貌"的高低起伏。一般来讲，制高点置主树，次高点置丛树，以此类推，设置配树；树相挺秀，枝片横展略垂，树干一般为直干或穿插少许斜干，高低错落，扬纵抑横，总体向上；树丛大组、小组各有其所，力求疏密有致、层次分明。

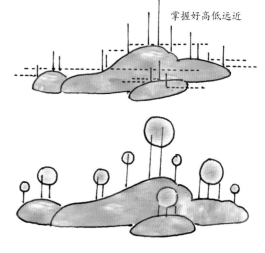

掌握好高低远近

丘陵丛林式造型要点

树木盆景
制作全图解

（3）配盆　宜配浅长方盆或浅椭圆盆，也可用水旱盆，树置盆后侧，尽可能多留盆前侧的空间，使视野更加开阔。

（4）注意事项　树干总体形态基本一致，如果穿插曲干，将与直干不协调；若不分重点，树满山坡，太散则无异于绿化造林，而非造景。

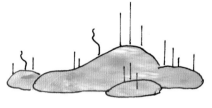

不宜穿插曲干　　　　　没有疏密分布

造景要避免的毛病

3. ｜ 峭壁丛林式

（1）形态特征　树身主要部分已腐蚀，如峭壁悬崖，外廓皮层舒卷，大小两崖，对峙高低，三株小树，两高一低，挺秀共荣。

峭壁丛林式盆景

【离天三尺三】

榆附石　高 65 厘米
作者：刘景生

（2）造型要点　两树置崖顶突起部右侧，间隔不宜太开，使重心平衡；两树主次分明，低崖置一小树，上下大小遥相呼应，层次分明；树的数量多少无碍，关键在于高低大小错落、前后穿插的布设；干身挺立，叶片横展，共同向上。

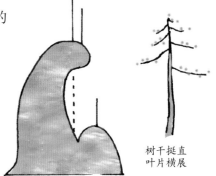

树干挺直
叶片横展

峭壁丛林式造型要点

【疏林夕照】

榆附石　75 厘米 ×120 厘米
作者：郑阿唐

（3）配盆　宜配浅椭圆盆或长方盆，水旱盆亦可，树置盆的左侧。

（4）注意事项　树宜细小，不宜粗大；小树不宜设置太规整，以免显得呆板，缺少变化。

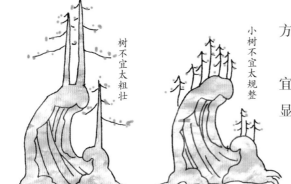

树不宜太粗壮

小树不宜太规整

造型中要避免的毛病

【山爱夕阳时】

榆附石　108 厘米 ×110 厘米
作者：刘国强

树木盆景
制作全图解

十一、风动型

风动型有单干风动式、双干风动式和丛林风动式等。

1. 单干风动式

（1）形态特征　主干右行，树冠回首，根爪着力，深扎盆土，树枝左侧飞舞；主干与枝反向抗争，表现出自然界树木在大风吹刮下的瞬间形态，大有山雨欲来之势。

单干风动式盆景

【秋思】

榆树　55 厘米 ×56 厘米
作者：陈劲东

117

（2）造型要点　根基至主干下段呈弓形斜行，富有张力，上段受风力影响逐渐回旋；枝条整体走向一致，左侧顺枝，右侧逆枝，即左侧枝条顺风而行，右侧枝条欲左先右，旋转弯曲而左行；枝条虽趋势往左，但非排列，其间同样存在穿插错落，在统一中求变化。风动式枝条可采用蟠扎、牵拉、引吊等手法固定出树势。

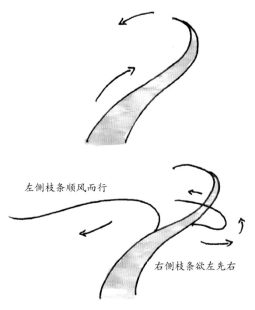

左侧枝条顺风而行

右侧枝条欲左先右

单干风动式造型要点

（3）配盆　宜配浅椭圆盆或中盆，盆置树的拖根一侧。

（4）注意事项　风动式造型要求枝条走势统一，不宜存在与风向相反的枝条；同时还要防止单向枝条一边倒，缺少逆向抗力枝的配合，使树形显得造作，缺乏美感。因此，在右侧设有逆向抗力枝的支持是很重要的。

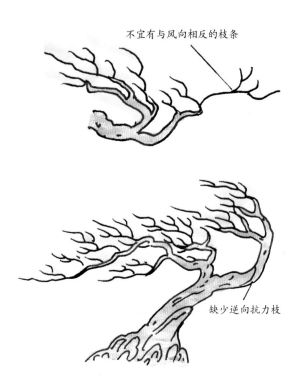

不宜有与风向相反的枝条

缺少逆向抗力枝

要防止单向枝条一边倒

2. | 双干风动式

（1）形态特征　一本双干或两树组合，从风向判断，以定前后，主树高大置后，从树矮小置前；主树躬身庇护，从树后仰前伸，两树共舞，接受风的洗礼。

双干风动式盆景

（2）造型要点　双干风动式较之单干更讲求统一，两干互动，枝条同步共趋，极具动感；从树主干纤细，其风动弯曲度及其动感较之主树更强烈；主树左前侧枝托欲右先左，左倾右行，对主干起到遮挡作用，以增加树的立体层次感。

两干互动

从树主干纤细，动感更强

欲右先左

双干风动式造型要点

（3）配盆　根据树态，宜配浅长方盆或浅椭圆盆，树置盆的左侧。

（4）注意事项　小树上端不宜直接右倾。否则，两树距离拉得太开，失去亲近感，将削弱盆景的整体艺术效果。

小树上端不宜直接右倾

丛林风动式盆景

3. | 丛林风动式

（1）形态特征　单树组合，大组置前，为近景，中组置中为中景，小组断后为远景，宛若林涛阵阵，景象蔚为壮观，大有一呼百应、万枝齐发、大风起兮树飞扬之气势。

【风雨荡涤五千年】

朴附石　76 厘米 × 120 厘米
作者：黄翔

（2）造型要点　除了按丛林造型的一般规律要求外，更讲究树的枝干相互间的互动关系，树干基本右倾；枝条向左齐发；总体分设三组，拉开近、中、远的空间关系，株数比为4：3：2；整体着眼，局部施艺，以纵干为"轴"，突出风吹枝，群起相趋，共舞飞扬。

（3）配盆　宜配水旱盆，树置盆右后侧，并辅以大小山石，更能表现林深景阔。

（4）注意事项　树干走向要求变化统一，次树、配树与主树的走向应有个渐趋过渡，不宜直接左趋，以免不协调。

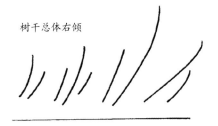

树干总体右倾

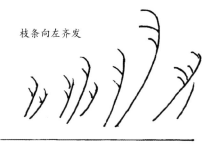

枝条向左齐发

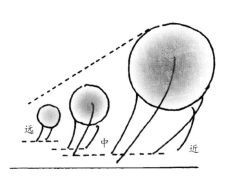

远　中　近

丛林风动式造型要点

次树不宜直接左趋

十二、 过桥型

过桥型有单树过桥式、双树过桥式和丛林过桥式等。

1. 单树过桥式

（1）形态特征　坯桩中部高，两端低，扎根盆土，弯曲成弓状，横跨两岸，形如拱桥，"桥"下右端小树横斜，一枝独秀,伸向"桥"面，野趣盎然，似乎给荒芜的郊野带来了春的气息。

单树过桥式盆景

（2）造型要点　过桥式坯桩的右"桥墩"左侧斜出枝，从而培枝为干，以纵（树干）破横（拱桥）；而后定底托临水枝，第二托左上扬枝及右侧高飘枝；临水枝的飘拂与上扬枝、高飘枝一上一下、一左一右，形成对比，随风摇曳；全树左密右疏，打破树枝左右均衡的常规，虚实相生，求得变化，脉络清晰，枝条舒展自如。树桥下盆土左右而置，盆中央留出水面，岸边水线弯曲迂回。

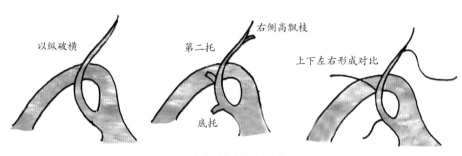

单树过桥式造型要点

（3）配盆　宜配水旱盆、浅长方盆或浅椭圆盆，树置盆的后侧。

（4）注意事项　桥下临水枝不宜太密，否则将堵塞"桥"下空间，给人过于拥塞、不透气的感觉。

桥下临水枝不宜太密

2. | 双树过桥式

（1）形态特征　树桩形如拱桥，左右两侧各置一树，一高一低，一粗一细；主树高耸挺立，枝片疏朗，右侧枝跌向"桥"面；从树细小，婀娜斜立，内倾相拥，接应主树跌飘枝，两树顾盼呼应，拱桥相迎。

双树过桥式盆景

（2）造型要点　主树右侧斜跌飘枝为全树之首，高位定托，重点塑造，飘拂而下，与右侧从树相接；主树飘枝下以点枝补空，从树顶梢扬起。总体上，以水为中心，以桥为媒介，突出两树，枝托疏简，婀娜清秀。

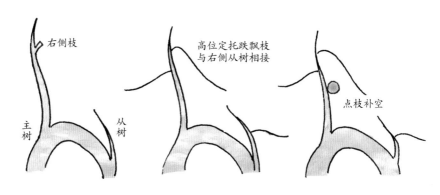

双树过桥式造型要点

（3）配盆　宜配水旱盆定植，树置盆右侧，桥下留出水面，用小石点缀，更富有小桥流水的韵味。

（4）注意事项　枝杈不宜粗短，且忌团状；要设点枝破三角形，否则感觉空泛，缺少变化。

未设点枝，缺少变化

3. 丛林过桥式

（1）形态特征　有格调清新与苍古之分。前者桩树弯曲横跨两岸，桥上树木分设左右两组，近大远小，大小穿插，相拥水面，清风徐来，摇曳起舞，清新自然，一片江南景色；后者类似荒古溪涧，树木经常年山洪急流的冲刷荡涤，横卧溪流，根系位于两侧，使树干上萌出新芽，逐渐长成丛树，枝干蟠曲遒劲，富有荒古野趣。

清新型

苍古型

丛林过桥式盆景

【万水千山总是情】

榆树　盆长130厘米
作者：刘景生

（2）造型要点　清新型的主树直立，次树向右斜行穿插，在求得变化的同时趋向"水"面；左侧两树近大远小；右侧小树均弓身向中聚拢；根据丛树造型原理定托以求向背。整体造型为内聚外展、疏密有致、飘逸洒脱、自然清新。

苍古型的树干斜行盘曲、奇特、苍劲；组合排列，参差错落，斜偃仰卧，虽各具其态，但主次分明，总体趋势斜行，枝条曲直有序、走势自如、爪形鹿角交替并用，单树能成景，成林更相趣。

丛林过桥式造型要点

（3）配盆　宜配水旱盆或浅长方盆、椭圆盆，树基本置盆后侧。

（4）注意事项　枝条不可僵直呆板，否则便无清新、动感与野趣了。

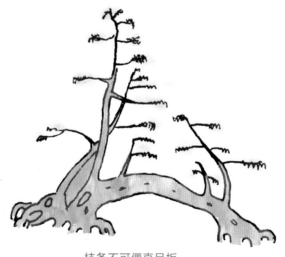

枝条不可僵直呆板

十三、 腐干型

腐干型有洞穴式和斧劈式。

1. | 洞穴式

（1）形态特征　隆基头茎部木质部已部分腐空，留下皮层，形成洞穴，展示树木年代久远，老态龙钟，给人以历经沧桑之感。

（2）造型要点　化丑为美，根据主干走向，结合根盘，尽可能将洞穴作为最佳观赏面。对洞穴边缘太规整的轮廓进行加工，使洞

洞穴式盆景

穴的外廓及其造型均有曲线变化；枝托根据主干走势布设，主干左侧底托上扬，右侧跌枝向下飘斜，形成对比；右侧下跌枝又与主干尾端一上一下形成抗力，增加力度，并设置右侧第二托破其上下枝、干形成的直线缺陷。整体上，要把握枝条、枝形粗短遒劲，才能与洞穴的苍老相匹配，洞穴外廓可根据意象进行加工。

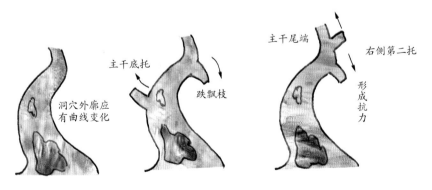

洞穴式造型要点

洞穴加工太规整

【倒转乾坤】

榆树　76 厘米 × 65 厘米
作者：黄金城

斧劈式盆景

（3）配盆　宜配浅椭圆盆
或圆盆，树置盆的左侧。

（4）注意事项　枝节宁短
勿长，且忌平直；洞穴加工不
得太规整、太圆弧，以免显得
不自然。

２.　｜　斧劈式

（1）形态特征　从隆基至树身木
质部大面积枯朽，木骨坚实、峰状，如
同斧劈呈舍利干状态，边缘树皮残卷，
线条奇曲，树相风采铮铮、慷慨悲凉，
体现不屈不挠的抗争精神。

（2）造型要点　以疏为佳，以简为行。主干右侧高飘枝大幅度跌落，左侧高处出枝，斜出上扬，尾端曲节向上，散点结顶；其间横出短枝以破平直，求得变化。总体造型无需翠盖如云，而是寥寥数枝、树相萧疏、绿叶点点，表现为枯中求荣，顽强屹立。

（3）配盆　宜配浅圆盆，树置盆的左侧。

（4）注意事项　不宜枝繁叶茂、头重脚轻，使得干、枝造型不相协调，也有违构思意象。

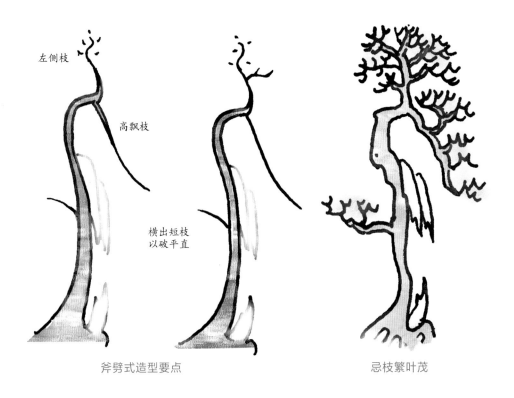

左侧枝

高飘枝

横出短枝
以破平直

斧劈式造型要点　　　　　　　　　忌枝繁叶茂

（十四、）**枯朽型**

枯朽型作为树木盆景的一种造型形式，在实践中有枯梢式、枯枝式和枯干式（舍利干）等。

1. │ 枯梢式

（1）形态特征　双树相携，枝繁叶茂，虽冠部枯梢，但仍战霜斗雪，傲然挺立。

枯梢式盆景

【甲子风云】

真柏　115 厘米 × 155 厘米
作者：魏积泉

（2）造型要点　树干挺立，枝托下垂，带有曾经风雪荡涤之意。树梢收尖部分的枯干要自然，采用剥皮削尖或截折撕裂等手法，加工成自然枯朽的形态，待木质部水分蒸发后，涂抹石硫合剂防止腐烂，干后呈灰白色，可增加自然美，虽为人作，宛若天成。

（3）配盆　宜配浅圆盆，树置盆的左侧。

（4）注意事项　枯梢制作应自然，避免人工痕迹；枝托不宜上扬，否则会使树势力度减弱。

树木盆景 制作全图解

130

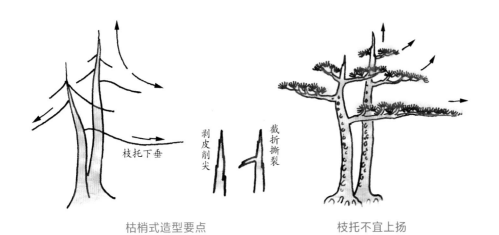

枝托下垂　剥皮削尖　截折撕裂

枯梢式造型要点　　　　　　枝托不宜上扬

2. | 枯枝式

（1）形态特征　枝繁叶
茂、树影婆娑，翠盖中
伸出一枯枝（神枝），
表现出虽死犹荣的
情韵。

枯枝式盆景

枝杈僵直不宜制作枯枝

（2）造型要点　留住枝
条主、次脉进行剥皮加工，僵
直的枝杈不宜制作枯枝，以免
有失美观且不自然。

（3）配盆　用浅椭圆盆或长方盆均可，树置盆的左侧。

（4）注意事项　若遇枝托养护不慎，枯萎死亡，或遇桩坯嫁托枯枝及不宜制作枝托的枝杈，不必急于截除，可根据造型立意，反复斟酌，制作枯枝，化腐朽为神奇。

3.　枯干式（舍利干）

（1）形态特征　树身大面积骨化硬质，呈灰白色，线条走向与树的水线纹理并趋，弯曲扭转，飘斜延伸；中尾部翠盖如云，与舍利干相互辉映、枯荣相照，表现出一种净洁、脱俗的精神境界。

枯干式盆景

（2）造型要点　注重桩坯本身的枯干及其纹理走向，辅以技艺加工与水线的处理。一般要求在观赏面能看到水线（保持树木存活的皮层带）并延续到根部，水线要求弯曲变化，顺木质肌理行走；水线宽窄要根据树的大小粗细，结合造型意象及视觉审美而定。

【往事越千年】

雀梅　树高 118 厘米
作者：黄翔

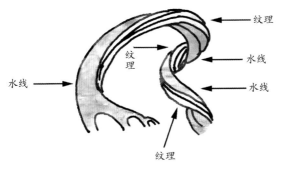

枯干式造型要点

（3）配盆 根据树的形态而定，一般宜配中圆盆，树置盆的右侧。

（4）注意事项 枯干纹理加工与水线流向应二者合一，切忌横跨切割；水线应沿树干纹理走向，绕道而行，才能使树气贯通，线条流畅。

加工线与主干纹理走向不符

不宜横切

忌横跨树的纹理切割

【枯荣与共】

紫薇 58 厘米 ×40 厘米
作者：陈啸声

【梅林鹤影】

梅 130 厘米 ×100 厘米
作者：林胜善

133

十五、怪异型

怪异型有疙瘩洞孔式和灵芝式等。

1. | 疙瘩洞孔式

（1）形态特征　违反植物的下粗上细、尾梢收尖的一般规律，树身布满大小瘤状疙瘩及其洞孔，没有明确的主干，树干相互纠缠，类似珊瑚，隆起处长有小树，形成树中树。它虽然没有假山丛林式盆景的气势，却以畸形、奇异博眼球，平添几分趣味。

疙瘩洞孔式盆景

（2）造型要点　围绕趣味性，因材而异、顺其自然、适可而止地排列组合小树，注重丛林的间距、大小、高低、粗细的穿插，枝权疏朗，叶片叠翠，给人以可赏可游的亲切感。

（3）配盆　以选用浅长方盆或椭圆盆为佳。

（4）注意事项　无须过于讲究树身的过渡、收尖，要突出其怪异特点。

树木盆景
制作全图解

2. │ 灵芝式

（1）形态特征 自然界中的一些树木遇恶劣环境，树身受石头挤压，形成大小不等的灵芝状或蘑菇状的怪异树相。其虽然树气受阻，线条不畅，但是树冠云片，做成盆景装饰感强，别有一番情趣。

（2）造型要点 以怪异为主，因怪造型，突出灵芝，小枝片片，枝片及结顶有意修饰，平冠结顶，增强形式感。

灵芝式盆景

（3）配盆 宜小巧玲珑，配以浅圆盆为佳。

（4）注意事项 不能按一般"自然树"造型的要求过分追求过渡、收尖，以免失去"怪异"的特点，得不偿失。

【女娲遗风】

榆附石 112厘米×68厘米
作者：刘国强

135

第四章

原生桩材的
腹稿打样

盆景雅俗共赏，爱好者众多，有专业的，有业余的，有从事盆景经济产业的，有将盆景作为家居赏玩的，还有将盆景作为收藏的。他们的定位、目的不尽相同，因此对桩材的取舍与利用及对成型盆景的要求也有所差别。首先要根据自己的时间、场所及其他客观条件确定桩材择取方向，包括树种、规格等。作为家居盆景，应以小型为主，它不仅易于搬动，而且便于陈设。在品种的选择上应多样化，避免单一，选取观果、观花、观叶、观枝，一年四季都可相应地陈设赏玩，美化环境。把盆景作为产业的，其要具备相应规模，除了规格上有大、中、小型外，在级别上还可分高、中、低档（相对划分），以适应各种审美品位需求。而把盆景作为收藏的（含桩材），无疑要考究树种及其造型制作的艺术含量。定位不一样，目的肯定有别。有的人只是观赏玩玩而已，属休闲雅兴；有的人玩出品味，高雅脱俗；有的人适应市场，进行模式化生产制作。凡此种种都无可厚非，都为目的使然。尽管定位与目的不尽相同，但对于桩材的把握利用应是共同的。上等桩材百里挑一，总是可遇不可求，精品桩材甚至是终身难觅，或因价格高昂难以购入。所以，如何最大限度地利用手中现有的素材显得尤为重要。

【武夷之春】

榕树　55 厘米 ×70 厘米
作者：陈啸声

即使同样的桩材，采用同样的手法、同样的风格，不同的创作者其造型效果也不同，更何况构思意象及其风格是有区别的。如同诸多画家写生同一组静物，其构图色彩不仅存在差异，而且手法风格都可能因"绘画语言"的差别而大相径庭。然每个画家的画作都可能是上乘之作，殊途同归。而盆景是活着的艺术，见仁见智实属正常，即使是同一个人所作，也可能因时过境迁而"移情别恋"了。审美当随时代，在普遍认可的风格中，在前人所走过的轨迹中求个性、求发展、求创新。其关键是要将自然法则镶嵌其间，将审美法则运用其内，注入情感意韵，即便造型不一，也万变不离其宗，都有可能出佳作。鉴此，这里尝试以同一个不起眼的一般桩材，采用不同的腹稿打样，以求得相异的造型效果。

一、　桩材一

　　此桩一本三干，实在一般。若留左侧主干，截除中间与右侧两矮干，主干不仅显得单薄，而且不见得有何优势，所以留双干以上值得考虑。

原生桩材一

树木盆景制作全图解

造型一

截除右干，取双干造型。其左高右低，左主右从，主宾关系确定，并将左干有意识地带歪左倾，以"斜"为其特征，形成一高一低连体双干树形。

截

截除右干　　　　　　　　　　　造型一

造型二

截除右干，并将矮干有意识地向右倾斜横展，主干树冠也相应右回，形成比较端庄的高低连体双干树形。

造型二

造型 三

截除中间干，制作时顺势强调右干平展枝，以枝为干，以干代枝。主干先左后右，与右干呼应，看似分开，实为顾盼。树形外廓上形成不等边三角形。

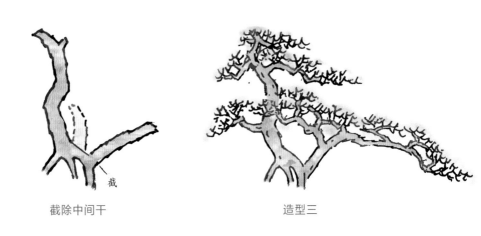

截除中间干　　　　　　　　　　　　造型三

造型 四

三干均保留，制作上注意有藏有露，前遮后拥。树形外廓为不等边三角形，有连理丛林意味，又似雨林形态，三株合一，同根共荣。该树态在制作上颇见功夫。

造型四

二、 桩材二

此桩为瘤疤桩。其受大自然环境影响，形成瘤疤，使树干上粗下细。它属怪桩系列，不能以常规视之，应因材施艺，多加利用。

【长溪冷月】

盆长 150 厘米
作者：刘国强

造型 一

保留原始桩材形态，根盘右侧若有芽点可选择留取，蓄养小树，以丰富树态，形成高低、大小、粗细、老幼的双干树对比关系。根盘若无芽蓄枝，也可另外植入小植株。一大一小两个瘤疤是其特征，制作过程中无需遮挡，应展露为宜，可化丑为美。

原生桩材二

造型一

造型 二

截除主干顶端，左侧培养一粗壮枝托即可。该枝托为风车枝，很重要，最好是后转，既可增加树态厚实，又显得简洁。此风车枝也可前转，但应注意不要挡住瘤疤，同时在大瘤疤上端留些许芽叶，以期输送水分，保其瘤疤成活，不萎缩干枯。若原就为枯瘤，则另当别论。

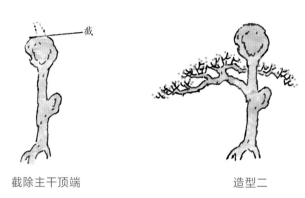

截除主干顶端　　　　　　　　造型二

造型 三

截除主干顶端和右侧粗根。择取最具观赏面横卧，通过迫芽等一系列手段，以干代根，制作小树丛林。若加工处理得当，还有假山式与过桥式意韵。但这些都应在有把握存活和萌发新芽的基础上而为之。

　　　截除主干顶端和右侧粗根　　　　　造型三

三、 桩材三

此桩一本双干，但各自西东，缺乏呼应，且大小粗细相近，实乃不入眼之桩。其有无利用价值，如何取舍是关键。

造型一

全桩充分利用。把握枝托向左右两侧伸展，使树态矮化，培育两干底托并使之相互交融，两干树梢相互呼应、彼此相连，成近似大树型效果，以弥补两干各自为政的缺陷。

原生桩材三　　　　　　　　　　　　　　　　　造型一

造型二

截除右干顶端，利用该干左侧芽点，加以蓄枝，并顺势左延，使右干左压，与左干统一朝向。同时确定主从关系，左干为主，右干为辅，客随主便，前呼后应，意在临水，双双得势。

造型二

造型 三

双干并用，在造型二的基础上，左倾适可而止。制作上先左后右，右倾左回，尤其要关注两干树梢结顶的回旋，以及左干底托对于两干相拥关系的影响。

造型三

造型 四

截除右干及左干枝托，树干顺势左延，且加以强调夸张，强化树势的流动感。其枝杈偏长，枝托简约，欲左先右，意在文人树相。

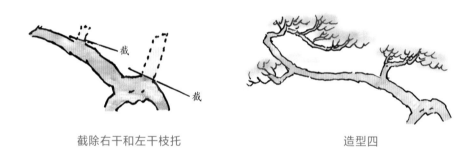

截除右干和左干枝托

造型四

造型 五

截除左侧粗根，将树桩右倾倒立，右干代根使用，树相右斜。左侧托为全树之本，可重点制作，树梢略微右倾，保持重心平衡。

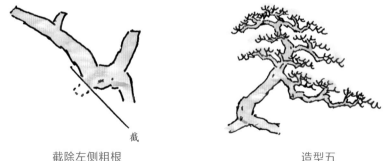

截除左侧粗根

造型五

四、　桩材四

　　此桩一干三枝，左、中、右各自延伸，且粗细相近。其取舍虽有难度，但细心思考，明确构思意图，从多种角度考虑，兴许可另辟蹊径。

造型一

　　截短居中一枝的上方枝条，去其光滑、平直部分，矮化树形，使其顺主干右侧下垂，亦干亦枝，平衡重心。在关注右侧风车枝的同时，注意主干腋下的弯曲空间，以显树态曲折有致，摇曳婆娑。

原生桩材四

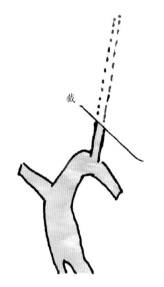

截短居中枝

造型一

造型 二

截除主干右侧两枝，使树态向左倾斜，并培育梳理右侧根盘，形成拖根意境。要注意第二托短前枝的遮掩，以避免树态单薄，总体枝托应简洁明了。

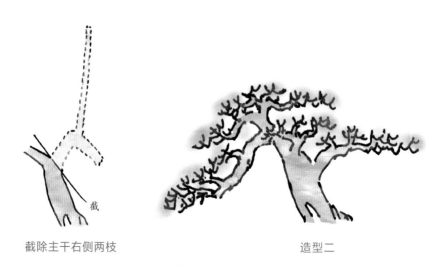

截除主干右侧两枝   造型二

造型 三

截除居中的上端长枝，顺势下压右侧枝，强化其飘长并回旋。左托枝杈简短，形成左右不对称的同时，使树梢回旋，并注意上盘时靠左，以维持重心平衡。

截除居中长枝   造型三

造型 四

截除主干两枝托，顺势右压，弯曲下垂扬起，走势欲上先下，且加以强化夸张，看似枝，却为干，充分表露其延伸的弯曲度。若处理得当，则别有意趣。

截除主干两枝托   造型四

造型 五

在图"截除主干两枝托"的截除基础上，将主干向右倒置平植，以干代根，采取迫芽取舍的方法培植小植株，使其形成大小相间、粗细不一、高低错落、斜直有度的过桥式小丛林。

造型五

此桩高耸挺拔，属健壮类型，原枝托众多，根盘尚可。其造型可上可下，矮化还是高耸直接关系到枝托的去留，何去何从不妨多几许构思。

造型 ➊

截除尾干与左侧第一托，短截右侧第二、三托，将左侧第二托作顶托并顺势左倾右回。培植新托穿插其间，右侧底托先上后下，平展延伸，以稳树势。

原生桩材五

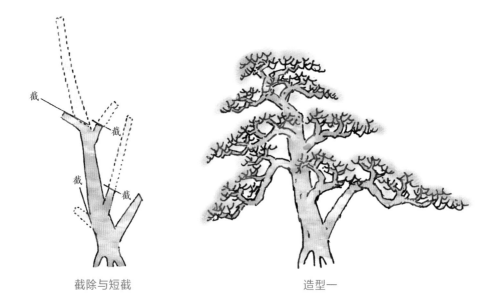

截除与短截

造型一

造型 **二**

　　截除上端干与枝托及右侧底托，短截右侧第二、三托，尔后正植，以直干健壮树视之，注意上密下疏。其间第二托为全树重点，枝托粗壮，枝杈外廓大面积与底托小片形成对比，以舒展放射状为佳。

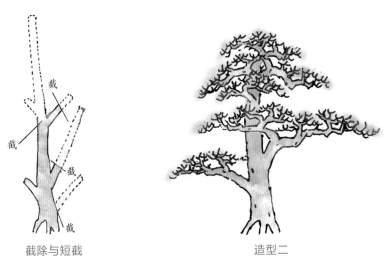

截除与短截　　　　　　　　　　　造型二

造型 **三**

　　截除主干上端大半的干与枝托，短截剩余主干右侧枝托，矮化树态，缩龙成寸，横向扩张。大树形态是其最显见的特征，要注重根盘的梳理，放射延展与其相匹配。

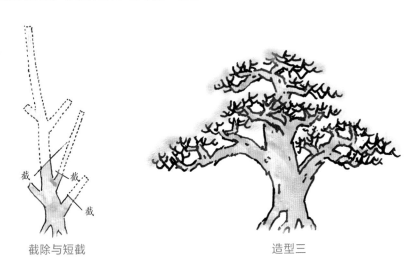

截除与短截　　　　　　　　　　　造型三

造型 四

截除第一、二、三托，短截第四托，与第五托一起作为全树底托。该树形中规中矩，未有太多变化，为直干高耸形树态，可在主干左侧底作一点枝，制作中稍注意主干前后遮掩即可。

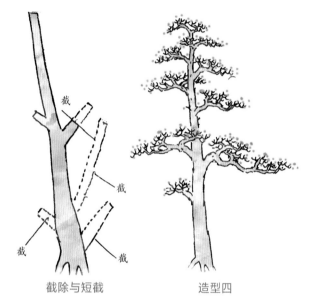

截除与短截　　　　　　造型四

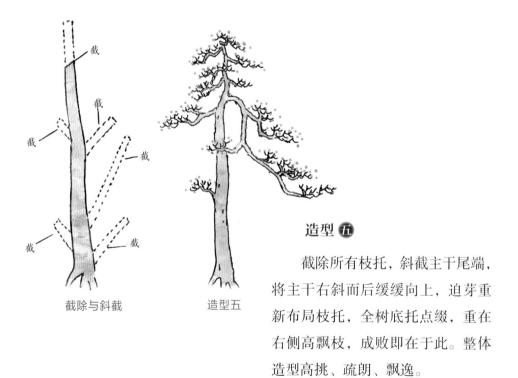

截除与斜截　　　　造型五

造型 五

截除所有枝托，斜截主干尾端，将主干右斜而后缓缓向上，迫芽重新布局枝托，全树底托点缀，重在右侧高飘枝，成败即在于此。整体造型高挑、疏朗、飘逸。

六　桩材六

此桩弯斜尚佳，不足在于上下粗细相差无几。可多加思考、细心揣摩、捕捉特征、因势利导，说不准还可出佳作。

原生桩材六

造型一

截除所有枝托，顺势右行下压，让其遒劲伸延。主干裸露，枝杈上扬，简洁疏朗。左侧拖根与枝干相互对抗，形成拉力。由于树势全然右行，应注意上盆时重心所在，可在左侧盆面置石块以稳之。

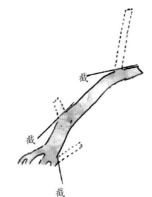

截　截　截

截除所有枝托

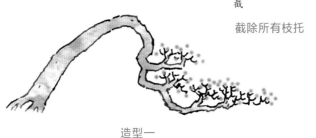

造型一

造型二

截除主干左侧枝托，形成一粗一细、一大一小、一高一低双斜干。造型意图为公孙树，所以大树右行回俯，幼树右行仰望，俯仰之间，顾盼呼应自在其中，拟人手法寓于其内。其树态特点在于枝干的曲折回旋。

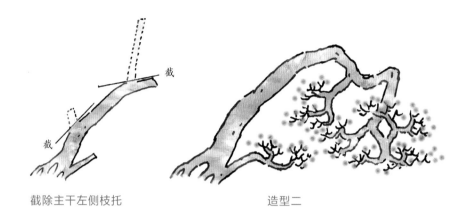

截除主干左侧枝托   造型二

造型 三

　　短截主干上端及尾托，使主干向上左转，形成大小、高低双斜干。制作期间应注意第三枝托对主干的遮掩藏露。此树形较适合于水旱盆景，即在右侧布局水岸线，然后在水域空旷处点缀些许小石，更显得生动自然。

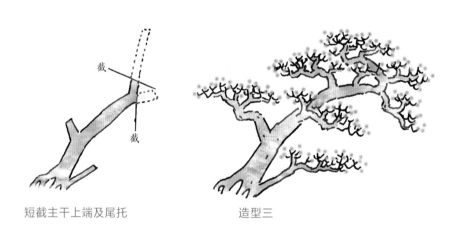

短截主干上端及尾托   造型三

造型 四

　　截除主干尾托及右侧小干，短截左侧上托，使主干向上左行。在主干右侧适当部位重点培育制作主枝托，并利用回旋枝遮掩主干，其树态特征为右倾回首。

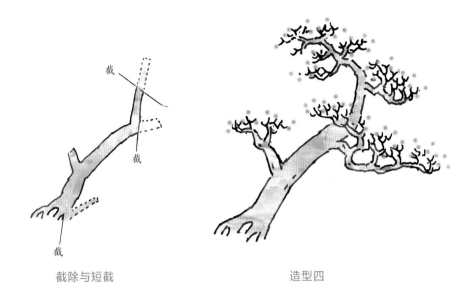

截除与短截   造型四

造型 五

　　大刀阔斧地截除大部分枝干，将左侧底托转化为主干，使树欲右先左，制作成矮壮大树形态。重点关注主干右托造型与左侧点枝的对比关系。整株采用鸡爪枝，以显苍劲。

截除大部分枝干   造型五

七、 桩材七

该桩虽一本多干，但杂乱无章，能否在纷杂中取势制作，需多方尝试。

造型一

截除左侧细干，往双干树方向制作，但其反向走势，如何协调统一是造型的关键。控制左干先左后右，右干先右后左，看似各自西东，却是翩翩起舞，顾盼生姿。其根系错落，类似雨林，弃之不舍，不如留着与两曲干融为一体。

原生桩材七

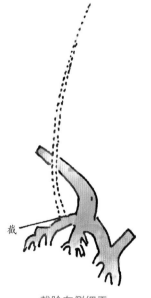

截除左侧细干

造型一

树木盆景制作全图解

造型 **二**

　　短截左侧细干，培育小树左倾横展，主干顺势扩延，与小树呼应，右干右延舒展中略见回首，意在同根连理、生死共荣。

短截左侧细干　　　　　　　　　造型二

造型 **三**

　　截除左侧细干、部分根及右干，将桩材左倾平植,使主干最大限度倾斜，宛若横空出世，顺势造型，形成岸边临水树态。但须注意上盆时的重心把握，可用石块或其他配件加以平衡。

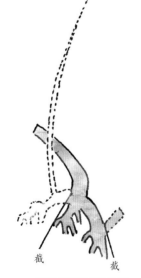

截除细干与部分根　　　　　　　造型三

造型 四

不要轻易抛弃造型三截除的部分，要养成充分利用桩材的好习惯。可短留其细干，截除右侧根盘，另行培植，制作成微、小型盆景，也可与其他盆景组合，或者作为点缀配置之用。

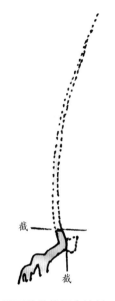

造型三截除的原生桩材

造型四

造型 五

截除左侧细干与部分根，制作双干树，使其顺势左延，双双回首，疏影横斜，婀娜多姿。

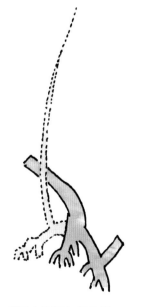

截除左细干与部分根

造型五

造型 六

截除中间主干及其根部，短截左侧细干，左倾平植，通过迫芽另行培育若干小植株，使左干左倾，其余小枝与之呼应。要注意各枝的大小、高低及其间距，可形成过桥丛林树态。

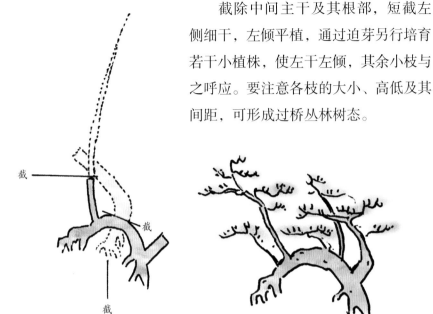

截除与短截

造型六

八、　桩材八

该桩一本多干，根盘直立似雨林状，中间干粗短且创面大，与其他四干在比例上也不协调，无利用价值，其余四干在形态上也未必相谐，单、双干制作又显弱势，只能结合根盘进行丛林构思。

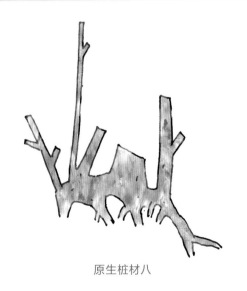

原生桩材八

造型 **一**

截除中间粗干及最右侧翘根，短留左侧两干。构图上三紧一松，充分利用原干制作丛林，左侧斜树破三直，右侧大树要注意其主托的领衔作用。树廓总体呈不等边三角形。

截除与短截　　　　　　　　造型一

造型 **二**

截除中间粗干与左侧两干，通过迫芽在基座后侧培育小树若干，右侧根盘小树随意简约。整体造型重在表现丛林的横向宽幅与纵深感，除主、次两干确定外，其余小树丛完全可据造型所需留芽培育修剪，错落置之。

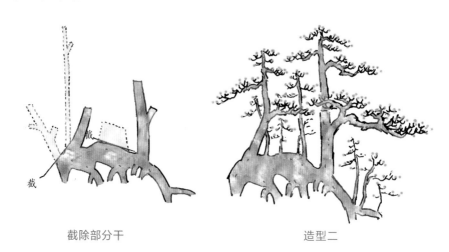

截除部分干　　　　　　　　造型二

造型 三

　　截除中间粗干，短留左侧两干，制作风动盆景，枝杈统一左行，势不可挡。造型重点为动感及风吹效果。

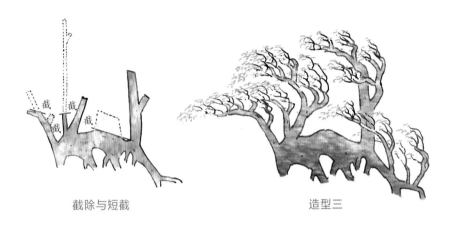

截除与短截　　　　　　　　　　　　造型三

造型 四

　　留左侧高干，截除其他干及右侧长根，培育新植株制作直干丛林。制作期间要注意主干领衔、次干辅佐，其余错落置之。还需把握树态挺拔高耸，斜干破直（也可全部直干，此视实际效果及作者审美意向而定），注重前后左右、高低错落、间距排行的审美关系。

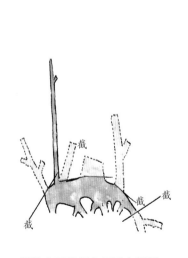

截除高干外所有干及右侧根　　　　　造型四

造型 ⑤

截除所有原始干，另行迫芽培育新植株，制作小树丛。这种方法有时显得更便捷，其整体从迫芽到制作修剪成形基本同步，且对小树丛结构的选择更加从容自在。

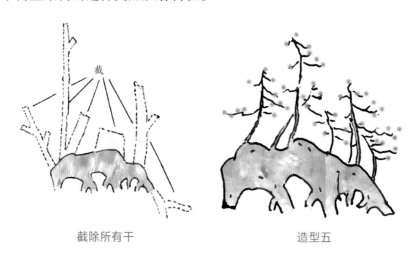

截除所有干　　　　　　　　造型五

九、 桩材九

该桩弯曲度尚可，但主干尾端粗大，与一般桩材下粗上细逐渐收尾的规律相违。因此如何扬长避短为首要前提，可采取不同角度加以构思判断。

原生桩材九

造型 一

　　斜截主干尾端，截除右侧枝托，短截左侧枝托。由于主干斜截口创面大，且不发芽，该处不可能留枝托，主干右侧作无枝处理，所以主干上端左托倒悬，以回头枝弥补。

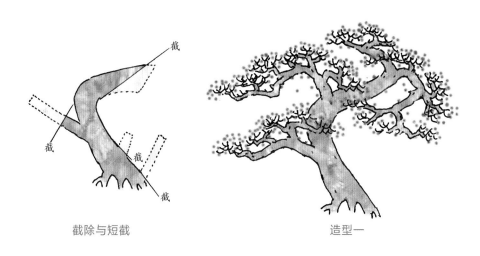

截除与短截　　　　　　　　　　　　　造型一

造型 二

　　截除主干尾端，短截左托和右侧底托。造型制作顺势而为，夸张主干右延，矮化树形，主干左侧枝托略以回首微扬，与右侧底托相呼应，使之前遮后拥，突显大树型意境。

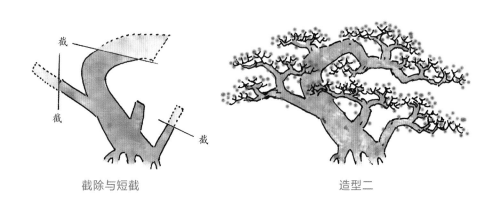

截除与短截　　　　　　　　　　　　　造型二

造型 三

　　截除主干上半部和左侧枝托，短截右侧底托，将主干顺势向左延展，右侧两托随行主干。制作时需注重底托的穿插横飘，亦干亦枝，别有情趣，整体树相疏朗飘逸。

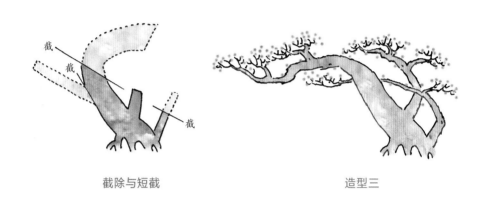

截除与短截　　　　　　　　　　　　　　造型三

造型 四

　　截除主干上半部，短截底托与左侧枝托。左侧枝托在此已转化为主干，矮化横斜，而后回首收顶为梢。制作过程要注重蓄枝短剪，形成矮壮型大树形态。

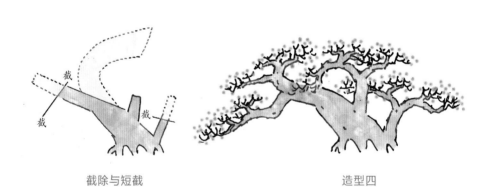

截除与短截　　　　　　　　　　　　　　造型四

造型 五

主干全留，截除右侧枝托与左侧根，短截左侧枝托。尔后将主干向右倒置，以干代根，形成拱桥状，再迫芽培植新植株若干，过桥丛林式便呼之欲出。制作时须留意将左侧根下压，以便于日后上盆。

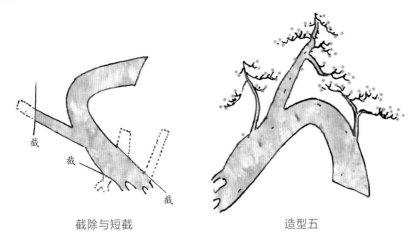

截除与短截　　　　　　　　　造型五

十、　桩材十

该系列桩材均为小树干，为便于组合解析，分为 A、B、C、D、F、G。这些小树桩着实很不起眼，对善于把玩中、大型盆景的爱好者或专业人员来说更是不屑一顾，但作为家居盆景赏玩者，扬长避短、分解组合、充分利用现有桩材就显得尤为重要。同时这也是审美法则、制作技艺在具体实践中的应用。

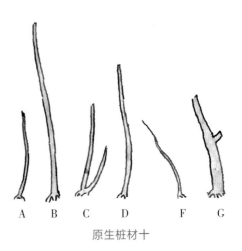

原生桩材十

造型

三干组合，利用 G、F 干，截除 D 干上端。将 G 干确定为主树，D 干紧靠其左侧为从树，右侧稍远处置 F 干，布局上形成大、中、小，"两紧一松"斜干型丛林格局。

D

截除干上端

D G　　　　F

造型一

造型 二

四干组合。利用 A、B、C 干进行组合，将 B 干置中，右侧附 C 干（双干），且将其根盘置后紧贴 B 干，形成主树群，左侧稍远处挪后置 A 干，形成"三紧一松"高耸型丛林格局。

A　　　B C

造型二

树木盆景 制作全图解

造型 三

五干组合：利用F、B、G、C干进行组合，将G干置中，右侧附C干（双干），且稍后置，左侧稍远处紧置F、B干，形成"三个一群，两个一伙"丛林格局。

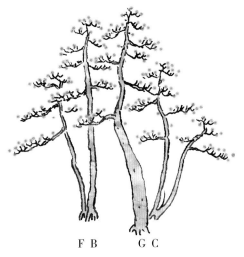

F B　　G C

造型三

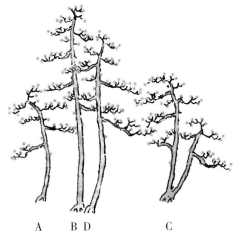

A　B D　　　C

造型四

造型 四

五干组合。利用A、B、D、C（双干）进行组合，将B、D干置主位，左侧后移配置A干，右侧远离置C干，形成疏朗丛林格局。

造型 五

七干组合。将全部桩材进行配置组合，G干置中，B干为从，F干置后，D、C干（双干）置右，A干置左。整体造型注重大小高低参差错落，前后间距疏密变化，突显大片丛林的视觉效果。

A　　　B G F D C

造型五

如何配置盆景桩材涉及诸多审美元素。丛林式在盆景诸类型中很有特点，颇见功夫，诸如大小高低、前后间距、聚散离合、穿插错落、顾盼呼应等元素的统一和谐，既是检验作者的驾驭能力，又是实践制作中提高技艺的上佳途径。

十一、 桩材十一

此桩一本多干，粗看张牙舞爪，无从下手，细瞧则值得玩味。桩材虽谈不上来之不易，却实属可为，关键在于审美取向、构思意图。

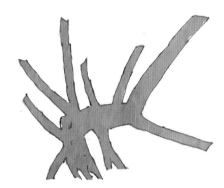

原生桩材十一

造型 ❶

截除左侧丛根与右侧根，短留左侧第二干与右侧第三干（其间含主干），并截短右例第一干，其余干全部截除。这样就使右侧干转为主干，且迫芽蓄枝顺势盘旋而下，短截的左干转化为顶托（第一托），短截的右侧第三干为第二托，另再蓄枝随主干走势簇拥分布，制作悬崖式盆景。

截除与短截 造型一

造型 **二**

保留全部根系，短截主干，并截除所有从干。制作重点在主干斜切口左侧的迫芽、蓄枝、育干左拐盘旋向上与主干右侧第一托大飘枝，留意枝干相互间虚实藏露关系，总体上把握曲干式树态即可。

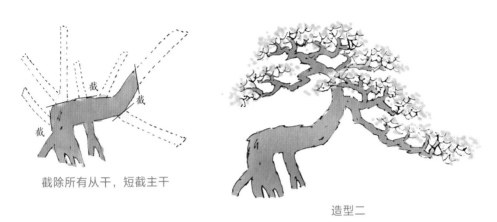

截除所有从干，短截主干

造型二

造型 **三**

仅保留右侧第一干，并截除含主干在内的其余从干。使右侧干顺势下垂弯曲右延，且极致夸张。枝托无须繁杂，简洁清新，树梢上扬，意在临水向阳，自在洒脱。

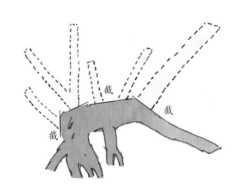

截除主干与部分从干

造型三

167

造型 ④

截除左起第一至第五干，短截右侧主干和次干。在构思与树态形式上与上述"造型二"相类似，属曲干式树相。其区别点在于主干右侧第一枝托的位置、意图及走向不同。"造型二"右行大飘枝，而后者则是意在从干回旋，与主干相向而行。

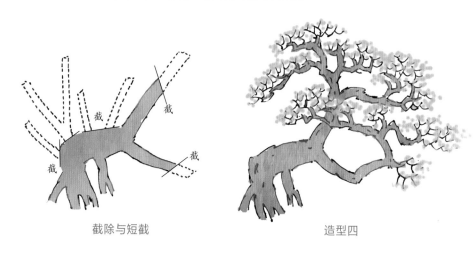

截除与短截　　　　　　　　　　　造型四

造型 ⑤

仅留右侧次干，截除含主干在内的所有从干。将桩材右倾，以干代根，迫芽取舍，制作过桥丛林式树态。其间重点是丛林布局，即留意树的高低、粗细、前后、间距及疏密等相互错落关系，整体树冠形成不等边三角形。

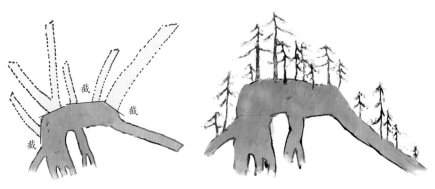

截除主干与部分从干　　　　　　　造型五

十二、 桩材十二

此桩为一树丛，树干修长，粗细接近，主次不明，看似一本多干，却又似是而非，有点食之无味、弃之可惜之感。但若能多琢磨，从爱惜桩材，考虑此桩材可分可合特质作为切入点，也可拟定树相形态若干。虽非化腐朽为神奇，但至少可化一般为特别。

造型 ❶

将左干从根部剥离，单列制作高耸型树态（余下桩材另用），枝托布局删繁就简，着力右侧向下高飘枝，此为重中之重，可谓一枝定调。疏影横斜、清新飘逸的文人树相跃入眼帘。

原生桩材十二

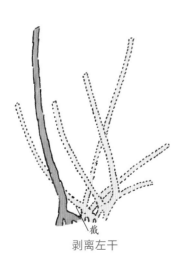

剥离左干

造型一

造型 二

将左侧两干合而为一并剥离，短截斜干，两枝干制作修长型双干。余下右侧桩材另作他用。制作侧重树态动静相宜、上下呼应，枝托无需繁杂，简洁清雅，俯仰之间，相映成趣。

造型 三

截短左侧第二干并截除其右侧枝干和左起第三干右侧所有枝干，形成三合一，制作二大一小相拥相依复合修长型丛林。枝托结体围绕树干走势，把握相互间的左倾右回，前后枝杈虚实藏露。此既便不甚如意，但也不差。

树木盆景
制作全图解

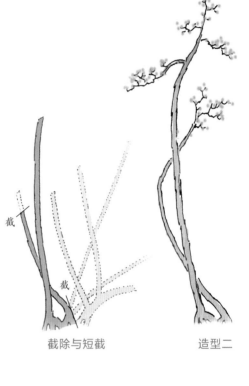

截除与短截　　　　　　　造型二

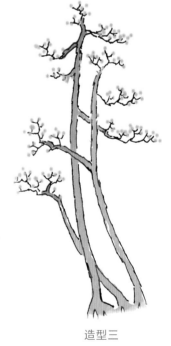

截除与短截　　　　　　造型三

造型 四

　　剥离左侧第二干并截除其左右枝杈，余下的桩材备用。将此干左倾正植，制作修长直干挺拔高耸型树相，并在其右侧根部迫芽，培育小植株，不仅丰富树态，更是成就了高低大小双直干树形的清新高雅趣味。

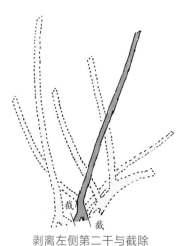

剥离左侧第二干与截除

造型四

造型 五

　　择取右干，截除其左侧枝杈，余下的桩材另用。制作上顺势右延，制作岸边临水树态，留意下垂、弯曲、回仰形态。其枝干虬劲，横空飘逸，联想为溪山河畔，意韵犹长。

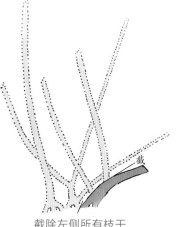

截除左侧所有枝干

造型五

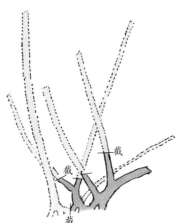

截除与短截

造型 ⑥

剥离左侧干另用，继而截除左侧第二干右侧枝，接着截短其他干超长枝，矮化留用桩，使之缩龙成寸、枝繁叶茂，且以小观大，给人以大树形态之感。

造型六

 十三、桩材十三

此桩为一本双干，一大一小，大小悬殊，虽枝杈众多，却显僵硬，去留与短截蓄枝均显构思关键。不妨依己所意，多形式大胆尝试。

原生桩材十三

造型 ❶

利用主干转折处向上右侧枝左转
结顶，考虑双直干树相。斜截主
干上端全部枝干，仅
留从干及主干
左右高处两枝
托，并给予截
短。截除右侧
其他枝，使之具
备直干高耸特征，
并将桩材右倾正植。主
干蓄枝向上，从干随行，
高低适当，挺拔为佳。

截除与短截　　　　　　　　造型一

造型 ❷

如果从右曲向下的角度思考，完全可以只留
主干右侧的底枝与次枝，且将次枝转化为主干。
这样，就应截除其他所有枝干，并将主干右侧底
枝截短。至此，左倾斜植。而后迫芽蓄枝顺右蜿
蜒，树梢回旋，以示有去有回，顺逆天成。至于
右侧从枝，要与之相辅相成，铁画银钩、曲直方
圆尽在其中。

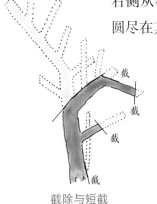

截除与短截　　　　　　　　　　　造型二　　　　　　　　173

造型 三

把主干右侧中部枝转化为主干，制作类似"S"形曲干树态。截除其上端枝干及该枝右延部位，短截右侧底枝，舍弃细小从干。如此，便有曲干雏形。制作过程把握树梢枝干曲度，并给予枝杈婀娜多姿、摇曳婆娑的意象。

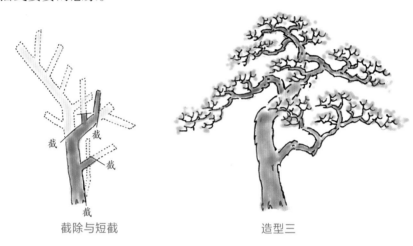

截除与短截　　　　　　　　　　造型三

造型 四

斜截主干尾端，以右侧枝代干右转，并截除主干右侧底枝和第二次枝，截短留用枝，将桩材右倾斜植，制作大小粗细、高低悬殊的斜双干树态。主干右倾盘旋结顶，从干相依点缀。因为重心右移，所以在上盘时尽可能往左，从视觉上求得平衡。

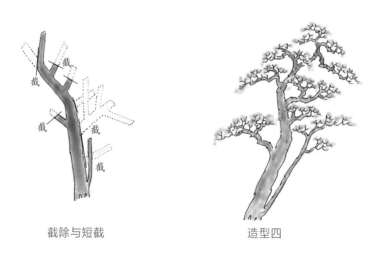

截除与短截　　　　　　　　　　造型四

造型 五

　　在上例基础上，截除主干左侧枝与底枝及右侧从干，短截留用枝，从而采用极端手法，大幅度地将桩材右倾培植。看似有违常规，实则为天灾欲倒还立之状，其生命力之顽强可见一斑。造型时强调左挪上盆，有意识梳理左侧拖根，也可辅以山石以稳重心。此造型独辟蹊径，与众不同，不妨一试。

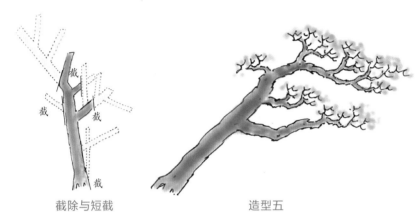

截除与短截　　　　　　　　　　造型五

造型 六

　　保留主干完整，短截主干右侧上端两侧枝外，截除其余所有枝干，拟高耸曲干形树势。制作重心在于左侧飘枝，可结合主干，弯曲有度，不仅给人以形态可掬、俯首谦让之感，又有弃繁杂而疏朗，远喧嚣却独清品味。

截除与短截　　　　　　　　　造型六

此桩一本多干，除了长短高低之外，粗细相近。如何择优取舍，并最大限度地挖掘潜质，发挥特点，扬长避短，为己所用，都取决于作者的构思意象。

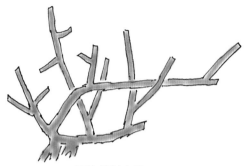

原生桩材十四

造型 一

仅留右侧横长干及其上方枝托，大刀阔斧舍弃、截除其余所有枝干。将该干发挥到极致，迫芽蓄枝，继续右行，然后回旋收顶。树势意向蓦然回首，顾盼呼应，意味深长。此树态清新秀雅，肆意洒脱，别具风味。

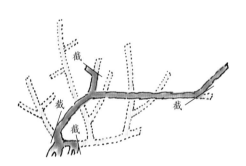

截除与短截

造型一

树木盆景制作全图解

造型 二

在上例基础上，添加择取右侧次干的同时，截除该干多余部分及其他枝干，制作双曲干形态。据己意图另行蓄枝修剪。两干交汇融合又分别展开，右曲前行双双回首。结顶枝杈相拥呼应，合二为一，犹如双人舞和谐默契，轻盈飘逸。

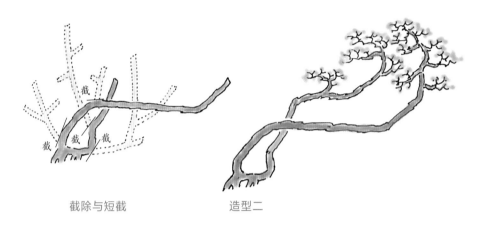

截除与短截   造型二

造型 三

在上两例的形态上，根据桩材可塑性，进一步打开思路，增添枝杈，使之交错纵横，赋予变化。短截并截除留用枝干以外的枝托。强化主干右延，其余亦干亦枝相行其后，枝干间大空小空、疏密关系平添树态趣味。结顶回望，一字摆开，相拥互衬，也别具情调。

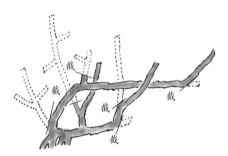

截除与短截

造型三

造型 四

在前三例的形态基础上进一步揣摩，意在矮化。截除左干转折横出部枝干，并截除多余枝托，形成三干同向右行，且两紧一松，在疏密中求变化，在杂乱中显规矩。

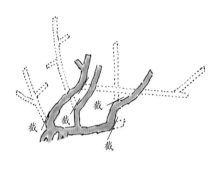

截除多余枝托

造型四

造型 五

将右行长干尾端转折部分截除，并在根部将此干剥离，且大幅度左倾培植，形成下弯上直的修长高耸形态。此造型制作重点在于右侧倒垂飘枝与左侧底托点枝，蕴含历经曲折却坚强向上，高而不忘本的品格。

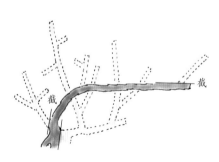

截除、剥离出右侧横长干

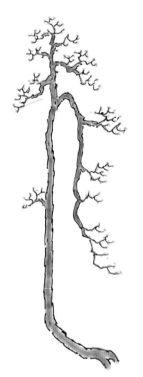

造型五

造型 六

将造型五中剥离余下的桩材充分利用，留住右侧曲干，短截尾端及右侧次托，且截除其余枝杈。然后大幅度将桩材左倾培植，曲干形成后并加以点化制作，左右底托向上向下多加留意即可。

截除与短截

造型六

造型 七

摒弃上述所有形态构思，另辟蹊径。留左侧两枝，截除其余枝干。右倾正植，制作直干丛林。在两干之间贴近左干处采用迫芽择取制作小植株，以破两干松散呆板之态，取得疏密有致、大小不一、变化统一的艺术效果。同时把握挺拔、高耸、清秀的树态意象。

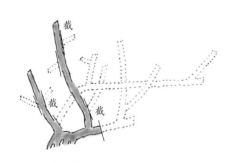

截除与短截

造型七

此桩主干左斜，头尾粗细过渡自然，枝托丰富，是相对难得的斜干大树型桩材。但是，正因为此类桩材来之不易，且枝托繁杂，所以更应谨慎取舍。因此，在没完全有把握时，先采取排除法，将那些肯定没用的枝托截除，然后再静心审视、反复推敲，依次从下至上拟作大树型若干。

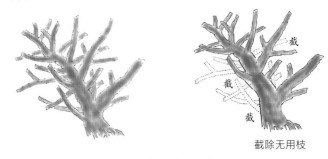

截除无用枝

原生桩材十五

造型 一

将主干左侧底枝转化为主干，斜截去其上方枝干，进而在右侧底托枝杈处，斜截除去其延伸部分，短截次托，矮化桩材。然后迫芽蓄枝，使树冠右转盘旋结顶。制作时留意主干两侧关键部位枝托的上扬或下垂，以及枝杈与树干相互间的藏露关系，在制造矛盾对抗中求得变化统一。

截除与短截

造型一

树木盆景
制作全图解

造型 二

以上例为基准往上移。从主干转折处斜截，截去以上枝干，将此枝转化为主干，并在分权处截去其延伸枝，使之右转，同时截除主干右侧次枝、短截底枝。全树着力点在主干右侧底托大枝权（略垂横飘枝）的制作，且仅次于主干，右侧横展起着矮化树态不可忽视的作用。

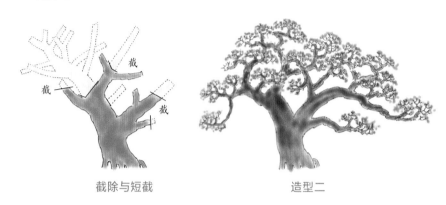

截除与短截　　　　　　　　　　　造型二

造型 三

以上例为基准再上移，按图例实虚交界处截除或短截。制作大同小异，注重左侧下垂枝、底托小片枝，左侧底托枝权变化及枝干、枝权叶片之间的疏密，虚实藏露即可。

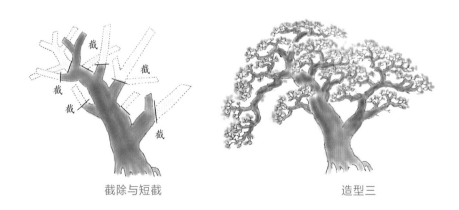

截除与短截　　　　　　　　　　　造型三

造型 四

　　除了图例虚线所标截除或短截若干枝杈外，基本保留全桩原貌。此相较前三例显得繁杂些，因此，在处理枝杈相互间关联上，更要注重杂而不乱、繁则有序、疏可走马、密不透风等审美法则，以求枝繁叶茂、层次分明的大树形态。

截除与短截　　　　　　　　　　　　造型四

第五章

养护管理与配置陈设

一、 养护管理

养护管理是制作树木盆景最基本的常识与前提，每个盆景爱好者均应全面掌握。

1. 温度

温度对树木的生长具有重要的影响。树木一般在夏季的高温期和冬季的严寒期间生长缓慢或停止生长（即休眠期），就是因为环境温度超出或达不到树木正常生长的需求所致。而春季和秋季温度适中，是树木生长的旺盛期。

2. 光照

万物生长靠太阳，树木对光照的依赖性强。但因树木种类与特性不同，其对光照强弱要求也不同。光照可分为长日照、中日照与短日照。用以制作盆景的树木，一般倾向于长日照，如榆树、雀梅、九里香、朴树等。

【回眸】

雀梅　63厘米×50厘米
作者：刘景生

3. 通风

树木对周边环境通风的要求有两条：一是树木本身枝干、叶片相互间的通风透气；二是树与树以及周围环境间的通风透气。不通风的地方往往光照不足，进而导致叶黄枝瘦，易发生病虫害。因此除了良好的通风环境外，树木本身的枝条应经常性地疏剪，才能保持良好的通风状态，减少病虫害的发生，使盆树健康地生长。

4. 盆土

土是植物健康生长的基础。树木盆景选用的土一般是酸碱度适中、疏松肥沃、排水透气的腐殖土、菜园土和河沙等。还要根据盆树培植的各个时期需求，掌握土的配比要求。

（1）成活期 无需太多的肥沃土，仅河沙加黄土或菜园土即可，以8:2配比配制。若是榆树、雀梅等杂木，仅用河沙也可。河沙疏松透气，易生须根，但水分蒸发快，应注意保湿。

（2）蓄养期 腐殖土加菜园土加河沙，配比为4:4:2。

（3）成型期 保持适当的肥沃、疏松盆土即可，或腐殖土加菜园土加河沙，比例为3:4:3。

5. 上盆

上盆泛指将桩坯或成型的树植于盆中，此时应注意如下几点。

（1）布局 盆正面与树相的最佳观赏面应当一致，同时注意树在盆面上的安排定位要便于造型、修剪，而且美观。

（2）填土 填入树根四周的土应细些，并填实根与根之间的空隙，使盆土与根部贴紧压实，以促其生根。

（3）留空 盆的四周要留出水位（即留空），若因盆树有提根等特殊的需要，盆四周必须用其他材料加栏，以便盆树的浇水施肥，待根部壮实、适应光照后，才可逐渐拆除遮拦物。

留出盆边水位

盆四周加栏

成活后拆除遮拦物

树木的上盆

6. | 浇水

　　浇水是树木盆景生长护理过程中最基本的工作。它看似简单，却有不少盆景爱好者"栽"在这个环节上，致使盆树枯萎死亡或生长不良。因此，要讲究科学的浇水方法，其原则是见干见湿，即不干不浇、浇则浇透（水自盆底排水孔流出）。其"干"并非干燥，而是保持盆土仍有一定的湿润度。那么该如何判断呢？主要是注意观察，若叶片光泽度减弱、嫩枝下垂，说明植物已有一定程度的脱水；盆土表面呈白灰色，说明土已干，必须浇水了。浇水时，还须注意如下几点事项。

（1）浇水时间　一般为上午9点和下午5点。若是冬季，则在中午之前浇水为宜，因为太晚浇水，盆土潮湿，遇温度下降，可能使根部冻伤；夏季可以晚上或清晨浇水（根据不同树种也可以放在中午浇水）。

（2）浇水方法　根据不同时期、不同树种的需求，方法各不相同。

①根部浇水，即将水直接淋往根部，一易浇透，二可节水，三可冲刷根部杂物，保持盆树根部洁净美观。

②浸水法浇水是将盆树放入装水的大盆或大缸中，上淹下渗（从盆底排水孔渗入），易于透水。微型盆景及盆土凸出盆面不易透水的小型盆景多用此法浇水。

③喷雾浇水，是不淋根盘盆面，只往枝干、叶片上洒水。经常性的喷洒可缓解环境干燥，尤其对新植的桩坯可起保湿作用，对促进抽芽发根非常有效。

（3）控水阶段　树木盆景成型后便进入了水分的控制阶段。有意识、有目的地控水，可使叶片逐渐变小，枝节变得苍老，对维护树态造型，效果极佳。

7. | 遮蔽

遮蔽是对盆树护理过程中采取的一种特别的保护措施，以遮阳网和黑塑料膜为佳。

（1）全遮蔽　有封闭式遮蔽法或套袋法。封闭式遮蔽是用塑料膜将所植桩坯全部遮盖，下用石块或沙土压住，以防塑料膜被风吹开，适用于中型以上桩坯及成批小型桩成活期的大面积遮蔽。套袋法是用塑料袋遮盖，适用于微型、小型桩的遮蔽，其体积小，便于操作。两种方法形式不一，但效果相同，一般用于新桩的培植，可以保持温度，也可以增加湿度，促进桩坯萌芽生根，提高成活率。这种方法也是冬季保护树木安全越冬的一种有效手段。

（2）半遮蔽　夏季光照强，耐阴树种可用遮阳网遮蔽。

（3）局部遮蔽　对特定时间、季节、特定部位的遮盖防护。

①高温期，在盛夏酷暑季节，树木主干的中下部凸起转折处可用遮阳网或湿布遮盖，以防止树段该处皮层发生龟裂、枯萎。

②严寒期，盆树换盆、根部修剪后，要用塑料膜遮盖盆面，可以保持盆上温度，促进盆树萌芽发根。

③平时多用于对树木截锯、雕凿及开裂等加工时受伤皮层的遮蔽，可在创口涂胶，封贴塑料膜，以促进皮层伤口的愈合。

8. | 松土

经常性的浇水可使盆面的土块黏结，不易渗水，透气性减弱，这时可用竹签等工具松土，并结合除草。

9. | 施肥

施肥是树木管理养护的重要环节，是使树木茁壮生长的有效手段，但施肥过量或者用肥不当，均可使植株烧死，造成肥害。因此，必须认真对待。

（1）**肥料功效** 肥料简单地可分为氮肥、磷肥、钾肥，其对树木的作用各不相同。氮肥，如人粪尿、饼肥、厩肥等，可促进植物枝叶繁茂；磷肥，如禽粪、骨粉等，可促进植物开花结果；钾肥，如草木灰等，可促进植物根系健壮。

（2）**施肥原则** 薄肥多施，诸肥腐熟，晚肥早水，先拌基肥而后追肥。

（3）**施肥方法** 施肥分湿施、干施两种。湿施为液肥拌水，肥水之比为1∶10；干施可用饼肥直接洒在盆树根部四周，或嵌入盆土中更佳，可减异味。

（4）**施肥时间** 结合树的生长状况及季节，适时施肥。例如，桩坯的成活期可少施肥或不施肥；桩坯的蓄养期或旺盛期可多施肥；桩坯的成型期要少施肥；春秋两季勤施肥，夏冬两季（休眠期）可以少施肥或不施肥。

10 | 翻盆

翻盆是树木护理中一项极其重要的技术措施，通过更新盆土，转换盆钵，不仅有利于盆树的生长发育，而且可提高盆树的欣赏价值。在具体翻盆操作中，应注意如下几点事项。

（1）**翻盆时间** 一般宜选择盆树的休眠期、萌芽前或发育缓慢期进行。具体时间应根据树种特性、地域温差的不同，灵活掌握。比如，榆树耐寒，立春前可翻盆；雀梅、九里香性喜温暖，翻盆时间可推后。如果仅是小盆换大盆，保持植株的土团和根部完好，则一年四季均可换盆。

（2）**翻盆期限** 微型盆景土少，最好每年翻盆一次；小型盆景可1~2年翻盆一次。若土质疏松、肥力长效、长势良好，则可推迟翻盆时间。总之应视具体情况而定。

（3）**翻盆方法**

①修剪整形，既便于翻盆操作，也利于布局调整以及减少树木

养分的蒸发。

②盆树分离时，微型盆景可采取倒扣分离；小型以上盆景宜先用竹签或其他器具剔除盆周边的土，然后抓住树干轻轻摇晃，促使盆、树分离。

③剔除旧土时，要用竹签除去旧土，注意勿伤了植株的根系。

④处理根系时，要剪除植株的长根及烂根。

⑤重新上盆，调整布局，理顺根系后填土压实。

⑥浇水定植时，一定要浇透定根水。但有的树木则要待新修剪的根部创口的树液干缩后才能浇水，如榆树等。

微型盆景的翻盆

小型以上盆景的翻盆

用竹签除旧土

剪去长根、烂根

1 ｜ 防腐

防腐是保持树木健康存活及树态美观的防护措施之一，适用于枯干（舍利干）、腐洞等树木的护理。

（1）石硫合剂　溶化搅拌，一年涂抹数次，一次涂抹数遍。

（2）酒精松香混合剂　可以自制，以松香和酒精1∶1混合溶解即可，一年涂抹两次。

（3）注意事项　只涂抹需防护的部位，且在涂抹前用刀片、刷子等将附着在涂抹部位上的腐烂木质及其杂物清理干净，而后再涂抹。涂抹部位的周边轮廓线应简洁、清晰。

12 ｜ 病虫害防治

树木盆景也免不了受病虫害的侵害，轻则引起枝枯叶落，重则导致死亡，前功尽弃。所以，在日常管理养护中应注意树木的通风透光、合理施肥，掌握"以防为主，防治结合"的原则。

（1）病害防治　树木盆景有白粉病、锈病、黑斑病等，许多药均可治疗。最简易的方法，就是将盆树病叶摘下数片，结合病况，直接到园林部门或农技站请教专业人员，做到对症购药，并按药物所标明的用量及用法进行治疗。

（2）虫害防治　树木盆景常见虫害有介壳虫、蚜虫、白粉虱、天牛、红蜘蛛等。这些害虫均可用40%氧乐果乳油1000~1500倍液喷雾杀灭，也可到园林部门或农技站等咨询购药治理。

此外，日常还要留心观察、加强管理，入冬前可进行全面的打虫清理等防范措施，以减少病虫害的发生。

二、　配置陈设

树木盆景被喻为立体的画、无声的诗，无疑与"雅"字相连，尤其小型盆景作为家庭休闲爱好的一种形式，更具个性和高雅情调。

所以，除了盆景的造型、养护外，对于盆景的配置与陈设也应有所讲究。其配置从广义来讲包含了与盆树造型景致相关的一些配饰，诸如配盆、铺苔、配件、题名、几架等。

1 | 配盆

现在市场上常见有宜兴紫砂陶盆、广东石湾釉彩盆以及石盆（大理石、汉白玉、花岗岩等经锯截、凿磨加工而成）等，其形状有方、圆、长、菱之分，并有高、低、深、浅之别。在具体选用时，应与树木的造型相匹配。

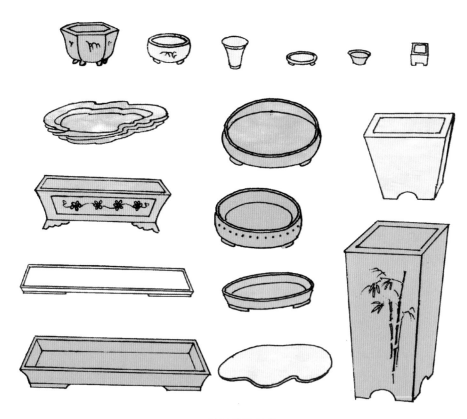

常见盆景用盆

（1）悬崖式　悬崖式树木配高盆或签筒盆，有陡峭险峻之意。

悬崖式树木配高盆

（2）临水式　临水式树木配中盆，有水影摇曳之感。

临水式树木配中盆

（3）丛林式　丛林式树木配长方形浅盆或水旱盆，有树茂林深、山远水阔的意味。

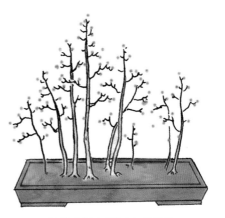

丛林式树木配水旱盆　　　丛林式树木配长方形浅盆

（4）直干式　直干式树木配浅盆，有高耸挺拔、凌云壮志之势。而斜、曲干式树木则宜用中盆。

另外，制作者还要了解掌握若干视觉上常有的对比关系：盆高树显矮，盆浅树更高；树小盆大树更小，树大盆小树更大等。总之，盆树配比能否恰如其分，关键在于掌握好树与盆的比例关系，使所要表现的意境与构思达到统一。

直干式树木配浅盆

2. 铺苔

在盆面上铺设苔藓，可以表现树下的山野植被。

（1）填土　顺着树根，按山野自然地貌填土。

（2）贴青苔　从根基始向四面展开，内密外疏，并用手轻按压实，使青苔与盆土结合在一起。

（3）喷水　用喷雾器将贴好的青苔喷湿，日常要保持一定的湿度，才能促其成活，并能保持终年常绿。

3. 配件

配件包括亭、榭、楼、阁、桥、舟、人及动物等。

恰如其分地摆设点缀配件，对作品的意境能起到画龙点睛、锦上添花的作用。如果摆不清彼此关系，反而会出现画蛇添足、弄巧成拙的败笔。

（1）内容　选择的配件内容要与盆中树相景致及自然景观相一致。比如，水榭应置水边，不能放在山坡上；江、河、湖、海的舟船各不相同，在水旱盆景的创作中，所选的配件同样也应有所区别，不可随意安置。

（2）形态　留意配件的造型，要求配件形态生动自然，富有诗情画意。

（3）色泽　配件的色泽既要与树木盆钵相协调，又要有所区别，谨防大红大绿或过于杂乱。

（4）比例　比例贯穿于盆景造型的始终，配件也不例外。图画中有丈山、尺树、寸马、分人之说，配件的大小比例也都是围绕"情调"意象而选择的。比如，为了体现大树，在其大飘枝下安置塔楼，就显得过度夸张、比例失调、不合情理，也欠美观。

配件

4. 题名

　　盆景题名，是我国盆景的特色和组成部分。题名以深入浅出、意蕴含蓄为高，恰如其分地题名可以传达作品意象、概括景观特色、引发欣赏联想、深化意境、画龙点睛，从而达到"景有尽而意无穷"的艺术效果。题名应有感而发，不可"无病呻吟"、弄巧成拙。对于家庭休闲、业余爱好或消遣，无需太苛求，关键在于切题。题名一般为1~7个字，可以从诗词、曲赋中求索，也可以从现实生活中寻觅，无论寓意、象征，或点景、拟人，都离不开景物的形态特征，作者的情感寄托、气质修养以及审美内涵。

5. 几架

　　自古以来就有"一景、二盆、三几架"之说，可见几架不可忽视。几架有木几、根几和金属几，尤其以木几和根几最受欢迎。

　　（1）落地式　即放置在地下，有方高几、圆高几、茶几、高低一体的双连几等。

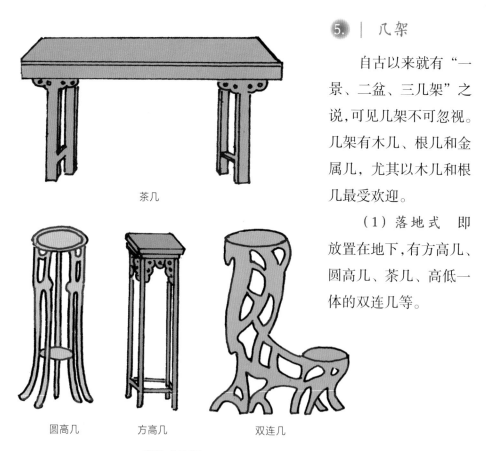

茶几

圆高几　　　方高几　　　双连几

落地式几架

（2）桌上式　以小见长，置于桌案上面而得名，其中有长方几、
圆几、书卷几、原木几及博古架等。

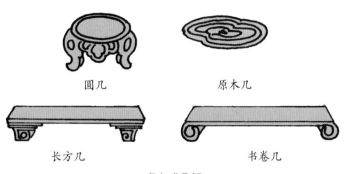

圆几　　　　　　　　原木几

长方几　　　　　　　　书卷几

桌上式几架

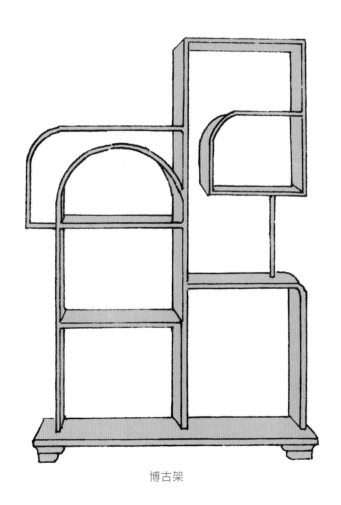

博古架

第六章

盆景鉴赏与作品赏析

一、 **盆景鉴赏**

盆景的鉴赏除以立意构思、技法、风格、主题意象、配件摆设等因素作为切入点外（这些上述均已涉及，不再赘述），总体而言，还应从远势近质诸方面进行鉴赏。

远望之以取其势，近看之以取其质，乃造型艺术创作鉴赏所遵循的模式。盆景艺术也是如此，势可先声夺人、引人入胜，质应谨严精工、评观细品，此乃盆景作品优劣鉴赏的关键所在。

1. 远势

"势"为事物运动过程中所表现出来的力量趋向，是力的外张所显现的感觉形态。势必远眺，眺而得势，"横看成岭侧成峰，远近高低各不同""大漠孤烟直，长河落日圆""看万山红遍，层林尽染"等，均为远眺之势。中国山水画的深远、高远、平远之取景布局更是极尽远眺之势，因此才有万里江山尽收眼底之说。盆景与诗词、绘画媒介不同，但道理相通。远势据其特质，具体内容概括有三。

【生命之舞】

朴树　41厘米×61厘米

作者：庄文其

（1）实际间距　即主体（制作者、欣赏者）与对象（盆景）之间的实际空间距离。盆景的远眺之势受制于盆景规格尺寸的大小及由此而确定的主体与对象之间的最佳间距，并与大、中、小、微型盆景的可视空间远近距离成正比。

（2）人化间距　即审美主体心理作用于对象的空间距离。其分为近景（盆中近树造型，以展示树态为主，如古榕型、悬崖型等，多属单、双体造型），中景（介于近、远景之间，体现群体树态，一般为绿茵洼边丛林等），远景（远树造型，如假山等，"极目"山巅层林），综合景（表现江、河、湖、海、溪畔、崖涧的自然景观，涵盖近、中、远景，如树石水岸盆景）。

（3）物化间距　盆景的形式组合、形态布局本身也暗示了其所表现自然景象的远与近，如大树型近、假山型远，远山无"大树"、大树周边无"高山"等。

无论远距还是近距、盆内还是盆外，远眺的空间距离均为相对而言，是流动可变的。而且远眺之势带有双向性质，即主体与对象的交感，其势必须吻合主体创作、欣赏意向及联想的审美之"势"，所以远眺未必都能得势，更何况还存在势的构成及其外张形态问题，诸如上述所言之主干之势、枝杈助势、根基稳势、外廓显势等。

2. 近质

"近质"相对"远势"而言，特指近观作品媒介（技艺）的品质。造型制作虽有对近质要求的共性，然媒介不同，其指向也不同。除了常规的技法类型外，以下从艺术高度审视、谨严精工要求，对"近质"概略性地提出一些尚存的不尽如人意的树相形态及其欠缺原因。

（1）松散　表现为枝托叶片分布均等，空间疏密无度。此与疏朗相悖，与紧凑相违。

（2）杂乱　欠缺枝杈章法，粗制滥造。此也许是由于对"野趣"的曲解，陷入"自然"的误区。

（3）模式　将千姿百态的自然树相概念化、机械化、模式化，造型手法单一，如片状或团状，且在不断模仿的同时，也在反复地重复自己，千树一相，似曾相识，缺乏对艺术本质在于创造的内涵理解。

（4）呆板　看似有板有眼，实为依样画葫芦，机械照搬，套用章法或技法"公式"。却不知"法无定法，法一形万"的辩证关系而失却参差错落、长短曲直、上下左右伸缩回旋的节奏韵味。

（5）拥塞　令人感觉"挤""闷"，缺乏空灵。只求密不通风，不晓疏可跑马；不知"计白当绿，无枝处亦成妙境"之理。

（6）单薄　左右出枝有余，前后遮掩不足，疏于树分四枝、阴阳向背、四维空间及面面可观之形态要求。

（7）孤立　干与枝、枝与枝、片与片相互间各自为营，缺乏俯仰顾盼、前后呼应，只关注局部而未放眼整体，没有将局部变化寓于整体之中。

（8）失调　干粗枝弱，缺乏相应比例。原因在于蓄养不善，操之太急，或对比例在造型艺术上的表现力欠考虑。

这里远势近质的提出只是盆景鉴赏的"前提"。势与质，前者外张、后者内敛，前者为表、后者为里，前者导引、后者入胜，虽有分别，却非截然分开，势中含质，质中蕴势，势质兼和，相得益彰。此外，诸如苔藓等植被的铺设，配件的选择设置，盆几配套乃至题名等审美元素，在盆景作品的鉴赏中都起着不可低估的作用。

二、作品赏析

对盆景爱好者、制作者来说，创作与鉴赏是不可截然分开的，鉴赏始终贯穿于整个创作过程的各个环节中，自桩材取舍之时已是进入这个状态了。鉴于此，笔者将拙作进行如下简析，意在抛砖引玉，与大家共勉。

《风雨荡涤五千年》

朴附石（天然），盆长 120 厘米，树高 76 厘米。

该桩材为桩农销不出去带回自种。笔者发现时其深埋土里，只有右侧大树伸出土面，待出土后才知整个石块是长方形，既笨拙又缺少变化，想来这应是其被弃之深埋的原因了。经思索良久，反复推敲，制作附石丛林风动盆景。首先留住主干，迫芽培植左侧从干及其根部小枝干。其次在制作上有意识地将枝干大幅度左行，统一朝向。其三在构图上也符合大树在前遮风挡雨、小树置后历经磨炼的意境，寓意"风雨沧桑，生生不息"。布局上注重把握树丛之间块面的大小疏密、空间虚实，以及前后左右主从呼应关系。最后在细节上加以破之，求得变化，诸如左侧底部小枝斜破垂直单调的石块；右侧加一小块石不仅破大石块的平板，而且对稳住重心起到一定作用；大石块后侧隐约可见细小枝权，增加画面纵深感等。题名寓主干根爪龙之形态，为中华民族精神图腾之意蕴。

【风雨荡涤五千年】

（丛林风吹式）

作品

《云山一览》

榆附石（非天然），树高 60 厘米。

该桩材不起眼，右侧腐洞破损，制作成矮壮树难为，高耸式更无奈，只有因材制宜，挖掘其特征"腐洞"做文章。先寻得该石块加工制作山峰，以干代山峦，再丛林构思，通过迫芽，培植大小树丛若干，其间注意主从关系，并以直干制作，使其与峰石连成一体，强化"耸立"形式感，主题便脱盆而出。

【云山一览】

（峭壁丛林式）

《同一片阳光下》

榆，树高71厘米，盆长120厘米。

此桩市场价格虽优惠，但由于其硕大笨拙，无从下手，弃之又不舍，直至有了丛林制作构思意象之后，才购回加工取势。制作期间基本将原始粗干截除，而后入土养坯、迫芽培植新植株制作丛林。布局上根据"山"形走势，横向扩展、纵向深入、左高右低、左主右从，中部平缓树丛相接，疏疏朗朗、挺拔竞秀，预示着在同一片阳光下共浴春光、欣欣向荣。

【同一片阳光下】

（丘陵丛林式）

作品

《清溪流韵》

水旱榆附石（天然），盆长 135 厘米。

该盆景原桩只有左侧两干，其间距太大，松散不紧凑，与理想中的双干落差较大，平栽正植均不合意。寻思良久，反常规将桩材向左倾斜倒置，才品出味道，水旱临水附石形态隐约可见。随后在养坯期间迫芽培植右侧小树，形成"两紧一松"，富有变化，合乎构思意图，附石丛林临水式呼之而来。上盆时，在左侧另置两幼树加以点缀，作为远景；水道弯曲，平远纵深求变化；一叶扁舟，画龙点睛，清溪流韵便有了着落，诗情画意，自然而然。

【清溪流韵】

（全水旱式）

《故土情怀》

雀梅，树高 68 厘米。

此桩规格不大，购得时除主干左侧第一托是原坯外，其他枝托均是蓄养，尤其主干第二节曲转处在蓄养上要使之过渡自然，的确很费时。而且正常情况下，长在主干腋下左侧第一托是要截除的。正因为雀梅的特性与榆树等有别，该托的截除可能会由于水线断阻致主干上端萎缩，同时截锯创口难以平复，所以因势利导、构思立意制作大树型，加上右侧提根，树态上可效仿古榕造型，枝托下压横展，树型矮化，无需高昂，意在故土。

树木盆景
制作全图解

【故土情怀】

（单干矮壮式）

《江山入画图》

榆，盆长 150 厘米。

该桩原为村头路口一棵大榆树的一块裸露根盘。由于破损严重，在精心蓄养成活的基础上制作成丛林状。经迫芽、取舍、留干，制作成水旱江渚丛林，右侧是天然洞穴，水道南北相通，小舟一叶由远及近；中部涓涓细流，似溪涧山泉汇集于此，湖光山色，层林叠翠，如同一幅流动的画卷，蕴藉祖国山河壮丽、气象万千，《江山入画图》如是而来。

【江山入画图】

（丘陵丛林式）

【独立寒秋】

榆树　116 厘米 ×65 厘米
作者：陈智善

【春江流韵】

金钱松　126 厘米 ×76 厘米
作者：陈智善

【风雨同舟】

榆树　130 厘米 ×78 厘米
作者：陈智善

【烂若云霞】

紫薇　116 厘米 ×65 厘米
作者：陈智善

【曲韵】

金钱松　58 厘米 ×30 厘米
作者：陈智善

209

【汉唐遗韵】

真柏　118 厘米 ×160 厘米
作者：魏积泉

【行云流水（A面）】

真柏　飘长 80 厘米
作者：魏积泉

【曲径通幽】

榕树　78 厘米 ×90 厘米
作者：魏积泉

【大将风范】

朴树　125厘米×160厘米
作者：魏积泉

【剑指苍穹】

榕树附石　85厘米×70厘米
作者：魏积泉

【云横长天】

榕树　78厘米×160厘米
作者：魏积泉

211

【笑傲江湖】

赤楠　205 厘米 ×115 厘米
作者：魏积泉

【美的旋律】

真柏　92 厘米 ×116 厘米
作者：魏积泉

【蛟龙探海】

九里香　飘长 68 厘米
作者：魏积泉

212

树木盆景

主要形式
造型素材库

直干型

单干健壮式盆景

双干高耸式盆景

双干健壮式盆景

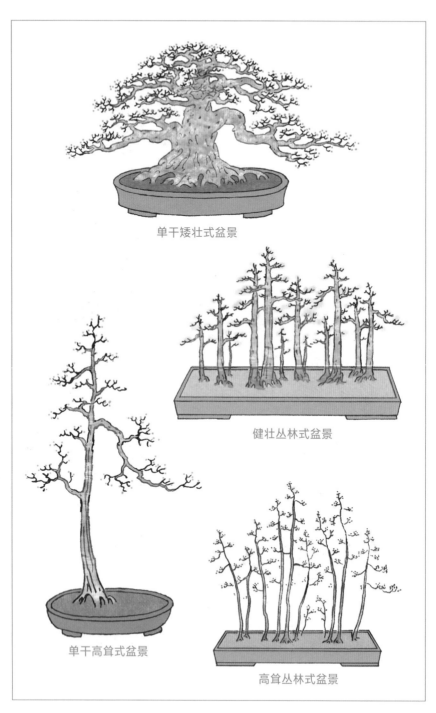

单干矮壮式盆景

健壮丛林式盆景

单干高耸式盆景

高耸丛林式盆景

斜干型

斜干丛林式盆景

折斜式盆景

直斜式盆景

横斜式盆景

直斜干型

高飘双干直斜式盆景

矮壮双干直斜式盆景

健壮双干直斜式盆景

曲干型

曲干丛林式盆景

直曲式盆景

回旋式盆景

斜曲式盆景

双曲式盆景

卧干型

曲卧式盆景

横卧式盆景

悬崖型

半悬式盆景

全悬式盆景

半悬飞旋式盆景

临水型

双干临水式盆景

单干临水式盆景

倒挂型

单干倒挂式盆景

双干倒挂式盆景

水旱型

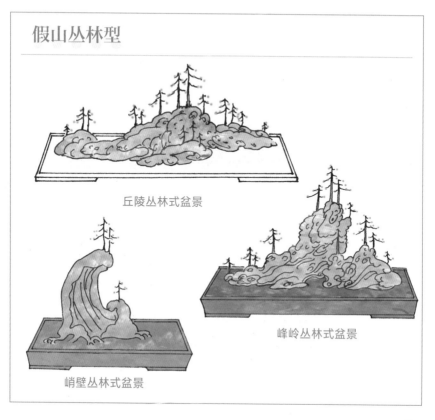

全水旱式盆景

半水旱式盆景

假山丛林型

丘陵丛林式盆景

峭壁丛林式盆景

峰岭丛林式盆景

9

风动型

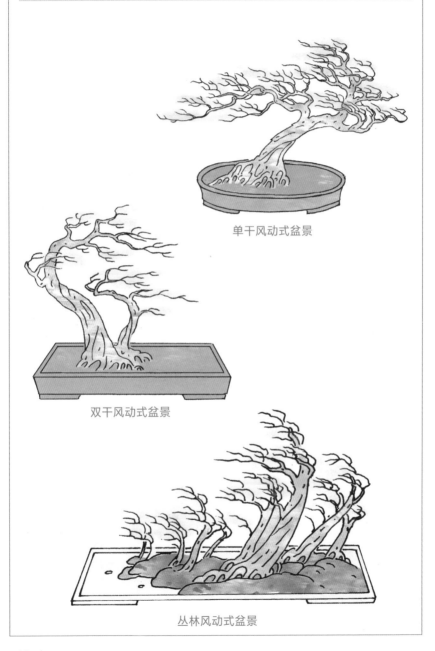

单干风动式盆景

双干风动式盆景

丛林风动式盆景

过桥型

单树过桥式盆景

双树过桥式盆景

苍古型

清新型

丛林过桥式盆景

腐干型

洞穴式盆景

斧劈式盆景

枯朽型

枯梢式盆景

枯枝式盆景

枯干式盆景

怪异型

灵芝式盆景

疙瘩洞孔式盆景